Beck-Wirtschaftsberater

Erfolgreich im Team

dtv

Beck-Wirtschaftsberater

Erfolgreich im Team

Praxisnahe Anregungen für effizientes Teamcoaching und Projektarbeit

Von Dr. Christoph V. Haug

5., überarbeitete Auflage

dtv

www.dtv.de
www.beck.de

Originalausgabe

dtv Verlagsgesellschaft mbH & Co. KG,
Tumblingerstraße 21, 80337 München

Druck und Bindung: Druckerei C.H. Beck, Nördlingen
(Adresse der Druckerei: Wilhelmstraße 9, 80801 München)
Satz: ottomedien, Darmstadt
Umschlaggestaltung: Agentur42, Bodenheim
ISBN 978-3-423-50946-6 (dtv)
ISBN 978-3-406-67740-3 (C. H. Beck)
9 783406 677403

Vorwort

Whose job is it?
This is a story about four people named **Everybody**, **Somebody**, **Anybody**, *and* **Nobody**.
There was an important job to be done and **Everybody** *was asked to do it.*
Everybody *was sure* **Somebody** *would do it.*
Anybody *could have done it, but* **Nobody** *did it.*
Somebody *got angry about that, because it was* **Everybody's** *job.*
Everybody *thought* **Anybody** *could do it but* **Nobody** *realized that* **Everybody** *wouldn't do it.*
It ended up that **Everybody** *blamed* **Somebody** *when* **Nobody** *did what* **Anybody** *could have done.*

Vielleicht wollen Sie lediglich wissen, was sich hinter dem schillernden Begriff „Teammanagement" verbirgt. Vielleicht denken Sie bereits darüber nach, ob und wie „Teammanagement" in Ihrem eigenen Unternehmen, Aufgabengebiet oder Ihrer Abteilung funktionieren könnte. Möglicherweise sind Sie auch schon Betroffener, dem ein „Teamleiter-Posten aufs Auge gedrückt wurde" ohne entsprechend darauf vorbereitet worden zu sein. Oder Sie sind plötzlich als Mitglied für ein „Kernteam" benannt worden und wollen nicht nur der Dinge harren, die da auf Sie zukommen werden, sondern beginnen mit diesem Buch eine aktive Vorwärtsstrategie.

Ganz gleich, ob Sie also Interessierter, Geschäftsführer, Führungskraft, Teamleiter oder Teammitarbeiter sind, Sie werden in diesem Buch praxisnahe Anregungen und Hilfestellungen finden, unabhängig davon, ob Sie den „Teamalltag" erst Wirklichkeit werden lassen wollen oder ihn bereits bewältigen müssen.

Bei diesem Buch handelt es sich um ein How-to-do-Buch, ein Arbeitsbuch, das aus der Praxis für die Praxis geschrieben wurde. Sie finden im Einzelnen:

Kapitel 1 umreißt die **Notwendigkeit neuer Arbeitskonzepte** im Zuge des Wandels in Wirtschaft und Gesellschaft. Es stellt Chancen und Grenzen der Teamarbeit heraus und klärt den Begriff Team in Abgrenzung zur altbekannten „Arbeitsgruppe".

Kapitel 2 beinhaltet systematische Erläuterungen zu den **Erfolgsfaktoren für Teamarbeit**, zur optimalen Zusammensetzung von Teams, zu den notwendigen Entwicklungsschritten im Leben eines Teams, zum richtigen Umgang mit Konflikten im Team und zur Gestaltung des organisatorischen Rahmens für Teamarbeit.

Kapitel 3 befasst sich mit den Aufgaben, die in jedem Team erfüllt werden müssen, und der **Rolle des Teamleiters** auf dem „Spielfeld" des Teams.

Kapitel 4 gibt Hinweise auf die **Bedeutung von Qualifizierung und Coaching** für das Gelingen der Umgestaltung eines Unternehmens hin zur Teamorganisation.

Kapitel 5 schildert kurz die möglichen **„Problemzonen"** der Teamarbeit.

Kapitel 6 will Hilfestellung geben, wie Teams über die einzelnen Hürden und Barrieren der gemeinsamen Entwicklungsstufen geführt und begleitet werden können.

Die Anwendung der praxisbezogenen Theorie in jedem Kapitel wird durch Merkblätter, Checklisten und Fragebögen unterstützt. Sie finden in jedem Kapitel Arbeitsmaterial, das Sie in Ihrer täglichen Praxis einsetzen können.

Die 5. Auflage integriert die unterschiedlichen neueren Strömungen in der Teamdiskussion und bringt das Buch damit auf den aktuellsten Stand.

Es zeigt auf, dass Teamführung und Teamentwicklung in der kommenden digitalen Welt die notwendige „Software" darstellt, um eine effektive Zusammenarbeit mit den „Digital Natives" erst möglich zu machen.

Die mit der Digitalisierung einhergehende Leistungsverdichtung, die gesteigerten unternehmerischen Anforderungen, aber auch die zunehmende Individualität der Mitarbeiter erzeugen dabei eine brisante Mischung, die Teamführung heute zu einer besonderen Herausforderungen macht.

Darüber hinaus trägt die abnehmende „Führungsbereitschaft" bei den Führungskräften und der zunehmende Unwillen bei den Mit-

arbeitern „sich führen zu lassen“ wesentlich zu der Herausforderung bei, „erfolgreich im Team“ sein zu können.
Dieses Buch ist das Ergebnis jahrelanger praktischer Arbeit in Training, Beratung und Organisationsentwicklung mit Hunderten von Führungskräften und Mitarbeitern zahlreicher Firmen.
Es ist in gewisser Weise die Quintessenz ihrer Fragen, Wünsche und Bedürfnisse im Hinblick auf Teamführung und Teamarbeit.

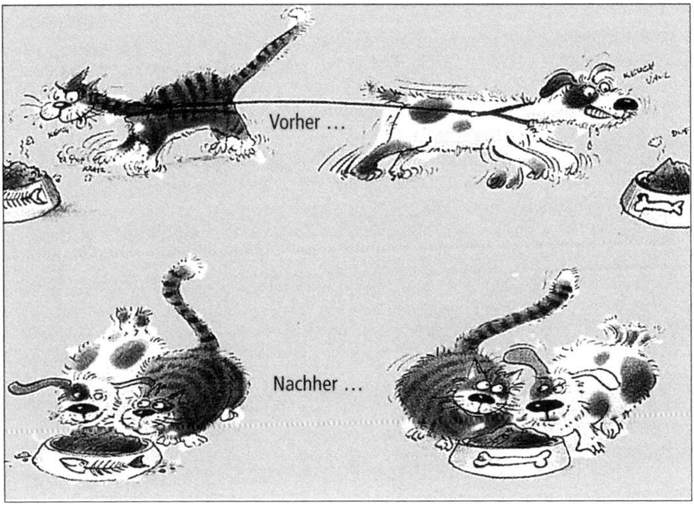

Darüber hinaus ist dieses Buch auch das Ergebnis von Teamarbeit. Es ist sozusagen eine „Teamleistung“. Es ist ein Buch *über* Teams verfasst *von* einem Team.
Deshalb gilt mein besonderer Dank *Cornelia Haug*, meiner Teamkollegin, die mich immer mit Rat und Tat unterstützt hat.
Insbesondere möchte ich an dieser Stelle auch noch allen Kunden, Freunden und Kollegen danken, die durch ihre Fragen, Anregungen und unterstützende Diskussionsbeiträge dieses Buch in dieser Form möglich gemacht haben.

Augsburg, im Januar 2016 *Christoph V. Haug*

Inhaltsübersicht

Vorwort V
Inhaltsverzeichnis XI

1. Kapitel
Teammanagement – Das Ende der Hierarchien? 1

2. Kapitel
Was macht ein Team erfolgreich? 25

3. Kapitel
Der Teamleiter 107

4. Kapitel
Teamorganisation lernen – Von der Hierarchie zur Teamorganisation 153

5. Kapitel
Möglichkeiten und Grenzen der Teamarbeit 173

6. Kapitel
Der Gruppendynamische Prozess als Coaching-Herausforderung 179

7. Kapitel
Hilfestellung auf dem Weg zur Teamorganisation 193

Sachverzeichnis 207

Inhaltsverzeichnis

Vorwort V
Inhaltsübersicht IX

1. Kapitel
Teammanagement – Das Ende der Hierarchien? 1

1.1 Teamorganisation – Mode oder Notwendigkeit? 1

1.2 Team- versus Linienorganisation: Die erste Hürde 9
Umsetzung des „Herrschaftswillens“ 10
Top-Management als „Schnittstellenmanager“ 11

1.3 Was ist ein Team – Was kann es leisten? 14
Merkmale eines Teams 17

2. Kapitel
Was macht ein Team erfolgreich? 25

2.1 Die „harten“ Faktoren 26
Teamziele 26
Teamführung 29
Effiziente Zeit- und Projektplanung 31
Qualifikationsniveau und klare Aufgabenverteilung 32
Entscheidungskompetenz 33
Strukturelle Einbindung und Akzeptanz im Unternehmen 36

2.2 Die „weichen“ Faktoren 38
„Vision“ 38
Allseitige Kommunikation und Interaktion 39
Sachliche und emotionale Offenheit 40
Gegenseitige Unterstützung 41
„Konstruktive Konkurrenz“ 42
Partizipation und Engagement 44
Gegenseitiges Interesse, Vertrauen und Akzeptanz 45
Übernahme von Verantwortung 46

„Konstruktive Unzufriedenheit“ 47
„Klima“ 48
Effizienz, Dynamik und „Teamgeist“ 48

2.3 Teamdesign – Die Mischung macht's 50
Fachwissen und Lernbereitschaft 50
Selbstorganisation 53
Beziehungspflege 53
Persönlichkeit 57
Hilfsmittel zur Auswahl der Teammitglieder 60

2.4 Teamentwicklung – Das Innenleben meistern 67
Phase 1: „Test- und Schnupper-Phase“ 67
Phase 2: „Nahkampf“ 72
Phase 3: Organisieren 74
Phase 4: Arbeiten und Leistung erbringen 75
Teams brauchen Zeit zum Wachsen und Lernen 76

2.5 Konflikte im Team – „Das Salz in der Suppe“ 77
Eigendynamik von Konflikten 80
Konfliktarten 83
Sachkonflikte 83
Rollenkonflikte 84
Prozedurenkonflikte 84
Beziehungskonflikte 85
Wertekonflikte 85
Konfliktquellen 86

2.6 Das Team und sein „Spielfeld“ 90
Die Aufgaben des Top-Managements – Das Spielfeld bereiten 92
Die Fachgebiets-/Funktionsleiter – Führen durch Zielvereinbarung 98
Die Teamleiter – Führen durch Aufgaben- und Prozesssteuerung 100
Die Teammitglieder – Teamfähigkeit und Selbstverantwortung lernen 101

3. Kapitel
Der Teamleiter 107

3.1 Repräsentieren 111

3.2 Integrieren 115

3.3 Organisieren 120

3.4 Koordinieren 125

3.5 Kommunizieren 129

3.6 Moderieren 133

3.7 Balancieren 138

3.8 Motivieren 142

4. Kapitel
Teamorganisation lernen –
Von der Hierarchie zur Teamorganisation 153

4.1 Stellenwert von Qualifizierung 156

4.2 Coaching – Krisenintervention im Team 168

5. Kapitel
Möglichkeiten und Grenzen der Teamarbeit 173

5.1. Teamleiter 173

5.2. Teammitglieder/Mitarbeiter 175

5.3. Das Team als Ganzes 175

5.4. Aufgabenstellung 176

5.5. Rahmenbedingungen und Führungskultur 176

6. Kapitel
Der Gruppendynamische Prozess als Coaching-Herausforderung 179

6.1 Der Teamentwicklungsprozess als Coaching-Herausforderung für den Teamleiter 180

6.2 Teamcoaching als permanenter Prozess 182

6.3 Der Teamleiter als Teamcoach 184
Vertrauensbildung 184
Methodenwissen 185
Kenntnisse über Gruppendynamik 186

6.4 Gegenstand des Teamcoaching 189

7. Kapitel
Hilfestellung auf dem Weg zur Teamorganisation 193

Literaturverzeichnis 196

Sachverzeichnis 207

1. Kapitel

Teammanagement – Das Ende der Hierarchien?

1.1 Teamorganisation – Mode oder Notwendigkeit?

Die meisten Unternehmen sind heute nach Grundprinzipien organisiert, die vor mehr als zweihundert Jahren von *Adam Smith* begonnen wurden und eine fundamentale Revolution einläuteten: die **Fragmentierung der Arbeit**, die **Arbeitsteilung**. Was damals für viele fast über Nacht zum totalen Wettbewerbsvorteil wurde, wird heute und in der nahen Zukunft den meisten Unternehmen enorme Probleme bereiten, denn die Rahmenbedingungen für unternehmerisches Handeln haben sich in den letzten Jahrzehnten wesentlich verändert (vgl. *Megatrends 2020, McCrystal 2015)*:

- gesättigte Märkte und Verdrängungswettbewerb,
- Globalisierung der Märkte (und entsprechend Internationalisierungs- bzw. Konzentrationstendenzen der Unternehmen),
- Strukturwandel (Trend zur Dienstleistungs- und Kommunikationsgesellschaft),
- Innovationsdruck (verkürzte Produktlebenszyklen bei verlängerten Entwicklungszyklen neuer Produkte),
- Engpässe bei strategischen Ressourcen (Mangel an qualifizierten Führungskräften und Mitarbeitern),
- rasante Entwicklung bei neuen Basistechnologien (technologische „Quantensprünge"),

- Einschränkung unternehmerischer Freiräume und Anpassungsspielräume (staatliche Gesetzesflut, Protektionismus, verstärkter Druck verschiedener Interessenorganisationen),
- deregulatorische Tendenzen (Abbau bestehender Marktregulierungen, gemeinsame Märkte),
- gesellschaftlicher Wertewandel (hohe Bedeutung individueller Werte und Entwicklungsperspektiven, Anspruchs- und Freizeitgesellschaft) und
- zunehmendes Umweltbewusstsein.

Sicherlich ist die Aufzählung nicht vollständig, aber sie zeigt in beeindruckender Weise, dass diese Einflüsse direkt oder indirekt auf Unternehmen und ihre Wettbewerbsfähigkeit einwirken. Das bleibt nicht ohne Konsequenzen. Gefordert werden künftig z. B.:

- eine größere Innovationskraft und raschere Innovationen durch kürzere Produktentwicklungszeiten,
- gesteigerte Anpassungsfähigkeit und Flexiblität am Markt,
- erhöhte Kundenorientierung und
- hohe Qualitätsstandards.

Dabei bereitet die herkömmliche Arbeitsweise z. T. erhebliche Probleme:

- die Vorgesetzten sind wegen Überlastung häufig sehr schwer zu erreichen,
- es dauert zu lange, bis Entscheidungen getroffen werden,
- unangenehme Dinge werden aufgeschoben oder nicht erledigt,
- Einweisungen sind bruchstückhaft,
- Planungen und Absprachen zwischen Abteilungen und Bereichen erfolgen oft nur ungenügend,
- Mitarbeiter beklagen die zu geringe Kompetenz,
- der Informationsfluss ist stockend und mangelhaft,
- die Einflussmöglichkeit auf Entscheidungen ist zu gering und
- kleine Fehler können bereits fatale Folgen haben.

Die zukünftige Wirtschaftskraft wird zunehmend von Qualität, Service, ständiger Innovation und Verbesserung sowie steigender Anpassungsfähigkeit und Mitverantwortung abhängen. Mitarbeiter, die fest in den Organisationen eingebunden, flexibel, vielseitig ausgebildet und durch ständige Schulung immer auf dem neuesten Stand sind und darüber hinaus in autonome Teams zusammengefasst werden, machen den Weg frei, auf dem diese Strategie durchzusetzen ist.

Diese veränderten Anforderungen werden zwangsläufig wesentliche Auswirkungen auf die Organisation von Arbeit und Produktivität haben, die eine radikale Umorientierung erzwingen.

Die provokative These lautet: **Unternehmen, die gestern besonders gut funktionierten, werden gerade deshalb in der Zukunft die größten Probleme haben** (vgl. *Dierke, Houben 2013*).

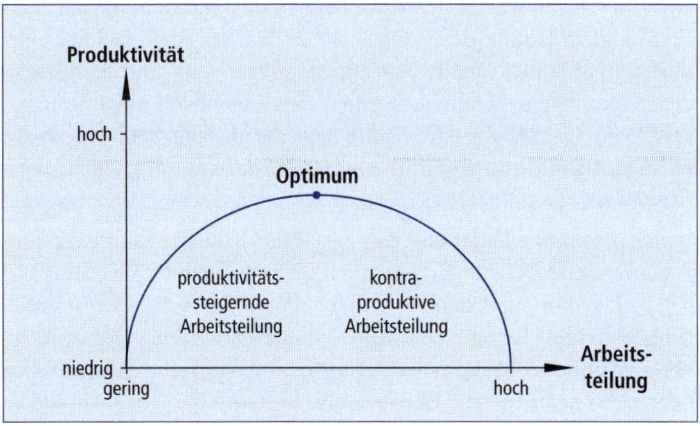

Abb. 1: Optimum der Arbeitsteilung

Die Konsequenz ist deshalb ebenso paradox wie einfach: Die Rückführung der Fragmentierung von Arbeit auf eine praxisorientiertere Teamarbeit.

Wie aus Abb. 1 hervorgeht, bedeutet das, dass wir ein neues „Optimum der Arbeitsteilung“ finden müssen, bzw. dass das „Rad der Arbeitsteilung“ an bestimmten Stellen wieder ein Stück zurückgedreht werden muss. Überspitzt gesagt, „drehen“ viele Unternehmen inzwischen im „roten Bereich“ der Arbeitsteilung, ohne es direkt zu merken. Fatalerweise bedeutet nämlich ein Mehr an Arbeitsteilung u. a. auch ein Mehr an Schnittstellen, was widerum auch ein Mehr an Fehlerquellen mit sich bringt. Relativ unproblematisch ist dieser Sachverhalt bei „technisch voll beherrschten Prozessen“, problematisch wird dies überall dort, wo Menschen in Prozessketten involviert sind, die mit all den Unschärfen, Höhen und Tiefen menschlicher Leistungsfähigkeit und Bereitschaft behaftet sind. Der Grad der produktivitätssteigernden Arbeitsteilung schlägt deshalb relativ bald in eine kontraproduktive Abstimmungsproblematik um. Diesen Kulminationspunkt des Optimums zu finden, ist eine der entscheidenden Herausforderungen bei der Neugestaltung von Teamorganisationen.

Hier wird das ganze Dilemma offensichtlich. Einerseits nimmt der Grad der Komplexität der Aufgabenstellung ständig zu, d. h. eine Person allein kann vielfach die anstehenden Aufgaben fachlich oder umfangmäßig nicht mehr bewältigen, andererseits läuft man bei zu vielen Beteiligten Gefahr, sich gegenseitig erhebliche Abstimmungsprobleme zu machen. Die Kunst liegt darin, aufgabenbezogen die richtige Anzahl und Zusammensetzung der Teammitglieder zu erreichen.

Weitergedacht bedeutet das, daß der Markt bzw. der Kunde die prozessorientierte Teamorganisation einfordern wird, da sie schon von der Anlage her ein erheblich höheres Potential an Kundenorientierung beinhaltet als die optimale Linienorganisation. Denn unternehmensinterne Reviergrenzen und organisatorische Schnittstellen behindern nicht nur die Effizienz und bremsen die Geschwindigkeit der Prozesse, sondern sind insbesondere „kundenfeindlich“.

Teammanagement wird daher die Arbeitsform der Zukunft für alle hierarchie- und fachübergreifenden Aufgaben und Vorhaben, da die konsequente und durchgängie Anwendung die Aufgabenabwicklung transparenter, rationeller, schneller und für alle Beteiligten besser steuerbar macht.

In Abb. 2 sind wesentliche Konsequenzen für die Organisation der Zukunft zusammengestellt. Eine bedeutende Veränderung wird die

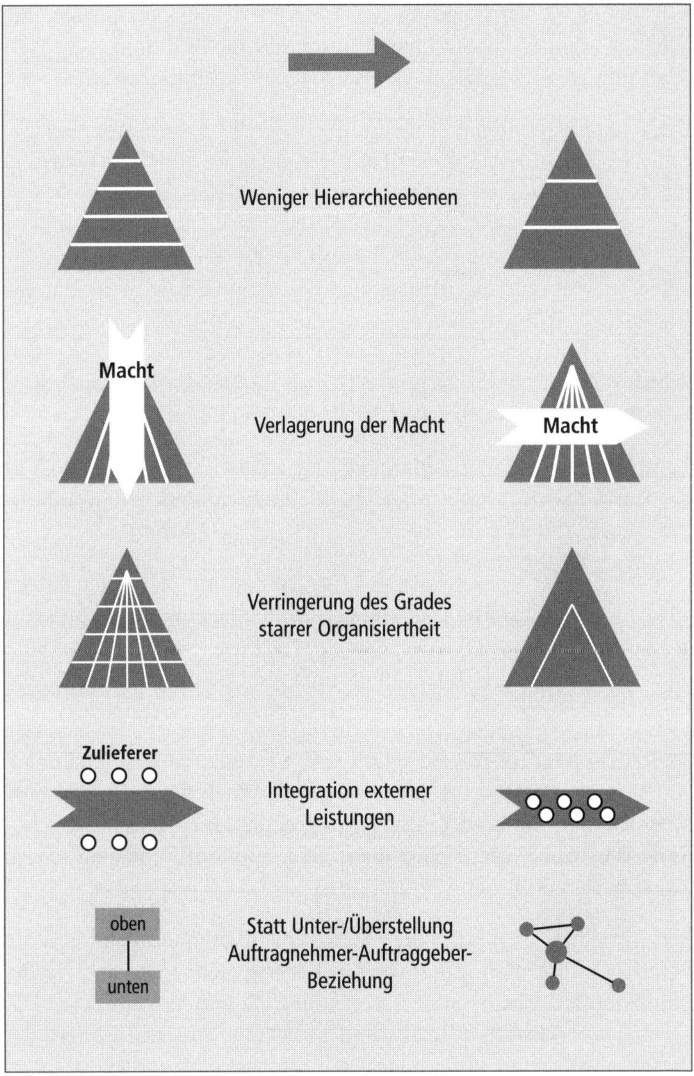

Abb. 2: Veränderungen, die mit der teamorientierten Organisationsform verbunden sein können (vgl. *Oetting 2008*)

z. T. deutliche Verringerung der Hierarchieebenen darstellen, die neben Kostengesichtspunkten insbesondere die Reaktions- und Entscheidungsgeschwindigkeit erheblich positiv beeinflussen wird.

Die zweite wesentliche Veränderung wird die notwendige Verlagerung der Macht weg von den Fachbereichen hin zur Verantwortung für die Wertschöpfungskette betreffen. Überspitzt ausgedrückt haben viele Organisationen vergessen, dass den Leistungsabnehmern bzw. Kunden in erster Linie das Produkt bzw. die Dienstleistung interessiert, während die arbeitsteilige Hierarchie häufig mehr klar abgegrenzte Aufgabenpakete wünscht, die oftmals das Gesamtinteresse in den Hintergrund treten lassen. Die dadurch entstehenden Schnittstellenprobleme gehen dabei oft zu Lasten des Abnehmers bzw. der Funktionstüchtigkeit des Gesamtproduktes.

Zum Dritten werden die Marktveränderungen den bisherigen Grad der Starrheit deutlich beeinflussen. Die zu erwartenden Schwankungen zwingen zu einer flexibleren Form der Organisation.

Nur wenige Firmen werden sich in der Zukunft noch den Luxus leisten können, externe Leistung erst dann einzubinden, wenn „Not am Mann“ ist. Wie bereits viele praktische Beispiele zeigen, lässt sich durch die frühzeitige Integration externer Leistungen eine bessere Wirtschaftlichkeit und schnellere Reaktionsfähigkeit erzielen.

Außerdem werden sich die traditonellen Über- und Unterstellungsverhältnisse wandeln in Richtung **Auftragnehmer-Auftraggeber- bzw. Kunden-Lieferanten-Beziehungen**, in denen sorgfältige **Ziel- und Ressourcenvereinbarungen** eine wesentlich bedeutsamere Rolle spielen als bisher.

Besonders betroffen sein werden von diesen Veränderungen u. a. die Führungskräfte. Von ihnen werden künftig mehr und mehr Kommunikations-, Team- und Integrationsfähigkeiten gefordert. Die Leitung von Meetings, Teams und Projekten ohne disziplinarische Zugriffe auf die zu Führenden stellt sehr hohe Anforderungen an Teamleiter im psychosozialen Bereich. Das Team-Management fordert und fördert Managementfähigkeiten im realen Einsatz und macht Potentiale deutlich.

Teammanagement ist die neue und kooperative Form von **„Führung ohne disziplinarischen Zugriff“** für mehr Systematik und Motivation in Projektteams.

Die genannten Veränderungsnotwendigkeiten führen dazu, dass immer mehr Organisationen dazu übergehen, im Vorfeld von Entscheidungen – also bereits im Problemlösungsprozess – **kooperativ** zu arbeiten. In solchen Organisationen bestehen daher Teams, Task Forces, Ausschüsse, Konferenzen etc., in denen sich Menschen verständigen müssen, die

- unterschiedliche Vorkenntnisse besitzen,
- unterschiedliche Fachsprachen sprechen,
- unterschiedliche Positionen von ihrer betrieblichen Stellung her einnehmen,
- unterschiedliche Prioritäten setzen und
- unterschiedliche Interessen verfolgen.

Als Folge müssen wir bei derartigen Problemlösungsprozessen davon ausgehen, dass die beteiligten Personen verschiedene Auffassungen darüber haben,

- was das eigentliche Problem ist,
- wie es zu lösen ist,
- welchen Lösungsaufwand das Problem rechtfertigt und
- welcher Nutzen sich aus der Problemlösung für den Einzelnen ergibt.

Die Problemlösung wird noch komplizierter, wenn wir uns bewusst werden, dass es neben den an der Lösung Beteiligten auch noch diejenigen gibt, die vom Problem und dessen Lösung betroffen sind. Die Erfahrung lehrt, dass Problemlösungen aus der Sicht der Betroffenen meist anders bewertet werden als aus der Sicht der Problemlöser. Hinzu kommt, dass die Betroffenen oft mehr über Problem und Problemlösung wissen als die von der Situation distanzierten Problemlöser. Sie können mehr Detailinformationen beitragen und haben oft bereits Ideen für Lösungen. Bei Nichtbeteiligung gehen diese verloren. Der Aufwand der so genannten „Experten“ wird dadurch unnötigerweise größer.

Das ist der pragmatische Grund, warum es sinnvoll ist, die Betroffenen nicht nur über eine Entscheidung zu informieren, sondern sie bereits in den Problemlösungsprozess einzubeziehen. Zweifellos erzielt man damit Lösungen, die nicht nur akzeptiert werden, sondern oft auch besser sind als die aus dem Elfenbeinturm. Bei effizienter Durchführung des Problemlösungsprozesses wird man auch schneller zu einer Lösung kommen.

Problemlösungen im Team sind um so sinnvoller und notwendiger,

- je komplexer das Problem ist,
- je risikoreicher eine Entscheidung ist und
- je größer die Anzahl der Beteiligten und Betroffenen ist.
- Insgesamt kann Teamarbeit der Wettbewerbsstrategie eines Unternehmens nützen, weil:
- der am besten weiß, wie eine Aufgabe erfolgreich zu planen und zu lösen ist, der am nächsten „dran“ ist,
- die meisten Angestellten mit „ihrer“ Arbeit einen wirksamen Beitrag zum Unternehmenserfolg leisten wollen,
- erst in der Gruppe sich den Teilnehmern Leistungsbereiche eröffnen, die dem einzelnen Mitarbeiter verschlossen bleiben,
- der Informationsfluss allgemein ungestörter verläuft und jederzeit möglich ist,
- die Fähigkeiten jedes einzelnen Teammitgliedes durch das Gesamtteam verstärkt werden,
- die Nutzung der Kreativität aller Teammitglieder während der Planungs- und Realisierungsphase möglich ist,
- bei der Kürze der zur Verfügung stehenden Zeit notwendige Entscheidungen nicht verschoben werden können,
- getroffene Entscheidungen innerhalb einer Gesamtdauer von Monaten beständiger sind,
- eingefahrene Wege neu überdacht werden,
- unnötiger Ballast in Form von Sitzungen und Papier abgeworfen werden kann,

- eine kürzere Projektdauer weniger Projektkosten verursacht,
- der Reifegrad der Produkte und Prozesse wesentlich verbessert wird und
- die Fachkompetenz der einzelnen Teammitglieder erheblich gesteigert wird.

Salopp ausgedrückt liegt die Stärke von sich selbst führenden Teams in der Tatsache, dass Leute, die in Gruppen von zehn bis dreißig zusammengeschlossen sind, die Chance haben, sich gegenseitig gut kennen zu lernen, fast jede Einzelarbeit zu erlernen, die sonst die anderen bewältigen, sich ohne große Umstände abzusprechen und zu einigen und unter einer entsprechenden Führung am Ende auch Teamgeist und ein Zusammengehörigkeitsgefühl zu entwickeln. Deshalb gilt: **Teamarbeit führt zur besseren Qualität und macht mehr Spaß!**

1.2 Team- versus Linienorganisation: Die erste Hürde

Die aufgezeigten Veränderungen und Zwänge durch Markt, Aufgabenstellung, Technologie und Menschen können nur noch effizient bewältigt werden, wenn auch auf der **untersten operativen Ebene eigenständig gedacht, qualifiziert entschieden und am Ort des Geschehens koordiniert wird**. Das heißt insbesondere, dass über Arbeitsplatz-, Abteilungs- und Ressortgrenzen hinweg kommuniziert und kooperiert werden muß. Dies verlangt die neue, an den **Funktionen und Aufgaben** ausgerichtete Organisationsform der „crossfunktionalen Teams“ (fach- und abteilungsübergreifende Teams), die im Wesentlichen durch zwei Merkmale gekennzeichnet ist:

- die Mitarbeiter müssen **bereichsübergreifend** zusammenarbeiten (können) und
- statt hierarchischer Macht werden in Zukunft vor allem **fachliche Qualifikation, Kommunikationsfähigkeit und -möglichkeit** sowie die Bereitschaft zur Kooperation in der Teamarbeit

eine entscheidende Rolle spielen, da sich das Einhalten traditionell hierarchischer (Entscheidungs-) Wege als **disfunktional** erweist.

Erfolgreiche Teamarbeit ist somit ohne bereichs- und hierarchieübergreifende Kooperation nicht möglich!

Damit aber werden die strukturellen Grundprinzipien der hierarchischen Organisation unmittelbar in Frage gestellt. Obwohl wir in nahezu allen Bereichen der Zusammenarbeit arbeitsteilig und hierarchisch organisiert sind, lässt sich deutlich erkennen, dass in den letzten Jahren ein schleichender Wandel stattgefunden hat. Die Grundstrukturen der Organisationen sind zwar immer noch die gleichen, aber die Art, wie wir zusammenarbeiten und Entscheidungen treffen, vollzieht sich zum Teil bereits nach den **neuen Prinzipien der Teamorganisation**. Diese sind mit einer klaren hierarchischen Ordnung und einer eindeutigen Arbeitsteilung nicht mehr vereinbar und führen deshalb zu massiven Störungen und Konflikten im System.

Teamorganisation will diesen notwendigen Veränderungen durch die Anforderungen der Praxis nun einen offiziellen Charakter geben.

Um jedoch Sinn und Zweck einer Teamorganisation in vollem Umfang erfassen zu können, müssen zunächst die Prinzipien der bestehenden Linienorganisation herausgearbeitet werden, denn erst die Einsicht in die Stärken und Schwächen der Linienorganisation macht die Chancen und Grenzen der Teamorganisation deutlich.

Umsetzung des „Herrschaftswillens"

Ein **erstes** wesentliches Prinzip der Linienorganisation besteht in der schriftlichen Fixierung sämtlicher Abläufe, an deren Steuerung und Überwachung die Führungsspitze interessiert ist. Ziel ist es, die Arbeitspraxis und den Weg des Führungswillens von der Spitze bis zur letzten ausführenden Instanz und wieder zurück umfassend zu dokumentieren und das nicht nur in Form von Erlassen, Gesetzen, Verträgen, gelegentlichen Berichten und Mitteilungen. Dieses Verfahren ermöglicht weitgehende Transparenz bezüglich der aktuellen

Vorgänge und zudem eine **lückenlose Kontrolle** der Verwaltungsvergangenheit. Dies wiederum ist die Voraussetzung für eine entsprechende Analyse der Vergangenheit und damit auch einer zielgerichteten Korrektur oder Planung zukünftigen Verhaltens. So wird dafür gesorgt, dass der Herrschaftswille nunmehr wirklich in der beabsichtigten Weise „unten" ankommt und die „Spitze" gleichzeitig auch weiß, dass und wie er „unten" angekommen ist.

Top-Management als „Schnittstellenmanager"

Ein **zweites** wichtiges Prinzip der Linienorganisation ist die Tatsache, dass allein die vertikalen Verbindungslinien institutionalisiert werden und horizontale Abhängigkeitsverhältnisse in keiner Weise geregelt sind. Kompetenzprobleme treten aufgrund dieser Struktur nicht auf, da alle ressortübergreifenden Themen und viele neue Themen, die noch nicht ressortmäßig aufgeteilt sind, **automatisch** in den Entscheidungsbereich der höheren und höchsten Instanzen fallen.

Doch mit der zunehmenden Komplexität der Aufgaben und dem soziokulturellen Wandel stößt die hierarchische Organisationsform immer deutlicher an ihre Grenzen und der Übergang zu anderen, flexibleren Organisationsformen wird immer dringlicher. Hier gilt Teamorganisation als die Alternative.

Teams erfüllen zahlreiche, manchmal auch unausgesprochene oder unbewusste Aufgaben! Doch ihre Einbettung in die bestehende Organisation ist oft schwieriger als die Initiatoren glauben, weil zwischen Teamorganisation und traditioneller Linienorganisation eine gravierende **strukturelle Widersprüchlichkeit** besteht (vgl. *Kunz 1994, Dierke, Houben 2013*).

So können Projektteams als **soziale Gebilde „auf Zeit"** verstanden werden, in denen Menschen zur Erreichung besonderer, „einmaliger" Ziele zusammenarbeiten. Zur Definition des Projektes gehört die zeitliche Begrenzung, die zu Projektbeginn feststeht, weil die Termineinhaltung ein zentrales Erfolgskriterium darstellt. Das planmäßige Ende eines Projektes ist ein wesentliches Ziel des Projektes.

Im Gegensatz dazu sind Unternehmen mit ihren Linienorganisationen **soziale Gebilde „auf Dauer“**, um bestimmte Ziele und Aufgaben, die sich **häufig wiederholen**, gemeinsam zu erreichen. Der wesentliche Unterschied besteht darin, dass im Gegensatz zum Projekt die Linienorganisation auf Beständigkeit angelegt ist. Bildhaft formuliert heißt das, Projekte sind per se „sterblich“, während die Linie tendenziell für das Bestreben nach „Überzeitlichkeit“ steht. Nur so lassen sich bestimmte Führungsprobleme bei der Teamarbeit verstehen.

Auf der organisatorischen Steuerungsebene sind die aus dieser strukturellen Widersprüchlichkeit resultierenden Schwierigkeiten erkannt und zum Teil gelöst. Wie immer hinkt jedoch die Lösung der mehr **psychosozialen und mental-einstellungsbedingten Aspekte** weit hinterher. Das Grundproblem dabei ist, dass Menschen Spiegelbilder und Produkte der sie umgebenden Alltagskultur und ihrer Prozesse in Freizeit und Beruf sind. An ihrem Verhalten kann die „Krankheit der Organisation und Kultur“ diagnostiziert werden. Insofern ist verständlich, dass die zeitliche Begrenzung von Teamprojekten vielen Mitarbeitern Angst macht, weil sie dem Bedürfnis nach Orientierung und Sicherheit nicht ausreichend gerecht wird.

Nach den bisher gemachten Aussagen könnte man zu dem Ergebnis kommen, dass zwei so unterschiedliche Organisationsformen unvereinbar sind. Und dennoch gibt es genügend Unternehmen, die sehr erfolgreich Teamarbeit einsetzen, ohne diesen strukturellen Widerspruch gelöst zu haben.

Nach anerkannten aufbauorganisatorischen Grundsätzen sind dem, der für einen bestimmten Aufgabenbereich die Verantwortung trägt, auch die nötigen Entscheidungs- und Weisungsbefugnisse einzuräumen, damit er seiner Verantwortung nachkommen kann. Doch gerade hier liegt für viele Teamleiter ein zentrales Problem: Sie haben nicht die notwendigen Kompetenzen, die sie zur erfolgreichen Realisierung ihrer Arbeit benötigen.

Darüber hinaus gibt es noch weitere „eingebaute“ Probleme und Schwierigkeiten, die Teamorganisation und Teams in der Praxis das Leben schwer machen. Tatsächlich macht beim Wechsel von herkömmlichen Strukturen zu Teamorganisation **nicht nur die Mentalität der Mitarbeiter** Probleme, sondern insbesondere:

- ein Missverständnis des Konzepts und Verfahrens beim höheren und mittleren Management, das zu **falschen Erwartungen und Entscheidungen** führt,
- **Widerstände** gegen das Konzept und Verfahren beim Mittelmanagement und bei den Führungskräften der unteren Ebene, die häufig in offene Sabotage übergehen,
- eine sehr hohe Ausfallquote, besonders in konservativen Unternehmen, bei allen Bemühungen den **Vorgesetzten vom Kontrolleur aller Details** mit Polizistenfunktion **zum Förderer von Mitarbeitern** umzuschulen und umzufunktionieren,

Herrschaftsgehabe der Initiatoren, das die Illusion kompensieren soll, man könne bei dem langfristigen Ziel der Institutionalisierung des Teamkonzeptes rasche Erfolge erzielen,

schlechte Ausbildung bzw. „Eintagsschulung" der Teammitglieder, der Teamleiter und der Topmanager,

ungenügende Vorbereitung der Organisation, für die Teilnahme an Teamarbeit Anreize zu schaffen,

Versäumnisse der Organisation, Vorschläge von Teams umzusetzen, bzw. die nicht erfolgte Umsetzung entsprechend stichhaltig zu begründen,

mangelhafte Vorkehrungen der Organisation, die für die Problemlösung erforderliche Information und Unterstützung der Teammitglieder sicherzustellen,

- die **Vernachlässigung** der Messung des Einflusses im Unternehmen, der sich aus der Beteiligung an Teamarbeit ergibt, an den Fehlerquoten, an der Produktivität, am Personalabgang, an der Unfallhäufigkeit, an den Ausschussquoten, an der Beschwerdehäufigkeit, an den Ausfallzeiten usw.,
- das Versäumnis vor der Bildung der ersten Teams **Verfahrensregeln** festzulegen und
- **zu rasches Vorgehen** – es werden mehr Teams gebildet, als von der Organisation angemessen betreut werden können.

1.3 Was ist ein Team – Was kann es leisten?

Um den Begriff „Team" herrscht in der Praxis geradezu eine **„babylonische Sprachverwirrung"**. Der Begriff wird so vielschichtig verwendet, dass seine Unschärfe z. T. zu erheblichen Problemen bei der Einführung und Umsetzung von Teamorganisation führt. Die Assoziationen zum Thema „Team" umfassen folgende sechs Dimensionen (Abb. 3):

(1) **Erlebnis-Dimension**: Das Team wird in erster Linie als eine Gemeinschaft aus Gleichgesinnten, die „auf derselben Wellenlänge funken", empfunden. Im Vordergrund steht damit der Aspekt **gefühlsmäßiger Verbundenheit** (z. B. herkömmliche Arbeitsgruppe).

(2) **Aufgaben-Dimension**: Zusammenschweißendes Element ist in diesem Fall die gemeinsame **sachliche/fachliche Aufgabenstellung** und Herausforderung, zu der jeder seinen spezifischen Teil zum Gelingen beitragen muss (z. B. Projektarbeit).

(3) **Image-Dimension**: Ein Team zu sein hat häufig auch einen **Marketing-Aspekt**. Es ist derzeit eben „in", sich als Team darzustellen, auch wenn es nur ein strategischer Deckmantel ist, den sich eine Ansammlung von Einzelkämpfern umhängt (z. B. Geschäftsleitung).

(4) **Krisen-Dimension**: Häufig finden sich Mitarbeiter erst dann zu einem Team zusammen, wenn es „brennt", d. h. in Krisenzeiten. Interessanterweise funktioniert das nicht selten erstaunlich schnell und gut. Allerdings ist der Bestand des Teams erfahrungsgemäß von kurzer Dauer und beschränkt sich auf den Zeitraum, in dem problembezogene **Feuerwehr-Aktionen** nötig sind.

(5) **Prozess-Dimension**: Diese Dimension stellt insbesondere den Gesichtspunkt bereichs- bzw. abteilungsübergreifender Zusammenarbeit im Interesse der Sache in den Mittelpunkt. Das Team soll dazu dienen, die durch Arbeitsteilung entstandenen **Schnittstellenprobleme** wenigstens teilweise (wieder) zu beseitigen

(z. B. Arbeitsgruppen mit interdisziplinärer Aufgabenstellung, die dann als Problemlösungsteams oder „Task Forces“ auf Zeit alle Regeln ausser Kraft setzen dürfen).

(6) **Ergebnis-Dimension**: Schließlich können Teams ausschließlich von der **Faszination des gemeinsam angestrebten Zieles/Ergebnisses** getragen sein. Im extremen Fall berücksichtigt das Team dann den Einzelnen nicht mehr bei seiner Vorgehensweise, sondern für den Erfolg heiligt der Zweck alle Mittel (z. B. Militäreinheit).

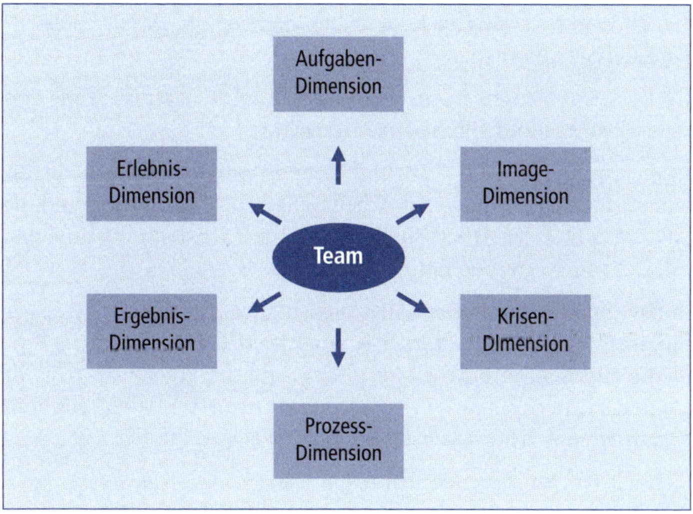

Abb. 3: Assoziationen zum Begriff „Team"

Je nach der Dimension, die in der Praxis im Vordergrund steht, kann die Rollenverteilung und Leistungsfähigkeit eines Teams sehr unterschiedlich sein.

Um den Begriff „Team“ im Einzelnen zu klären, sind zwei Dinge nötig: das Team anhand seiner wesentlichen Merkmale konkret zu beschreiben und die Unterschiede zwischen einer „gewöhnlichen Arbeitsgruppe“ und einem Team zu präzisieren. Bei der Definitionsklärung hilft eine einfache Frage: Wann wird eigentlich ein Team gebildet?

Ein Team wird immer dann gebildet, wenn ein komplexes Vorhaben eine (interdisziplinäre) Zusammenarbeit erfordert. Teams werden dabei für unterschiedliche Zwecke und Zielsetzungen mit unterschiedlicher zeitlicher Dauer gebildet. Die Bezeichnungen für diese mehreren Arten von Teams variieren von Unternehmen zu Unternehmen. So kann es z. B. „Fachteams“ geben, die über längere Zeiträume eine bestimmte Aufgabe wahrnehmen (z. B. Kundenbetreuung für ein bestimmtes Verkaufsgebiet), oder „Projektteams“, deren Lebensdauer auf die Laufzeit eines bestimmten Vorhabens begrenzt ist (z. B. Innovationen im Bereich der Fertigung), oder „Spezialteams“, wie sie häufig in Krisenfällen befristet als „Strategieteams“ zum Einsatz kommen.

In der Praxis werden Teams meist als sich selbst organisierende und sich selbst steuernde Einheiten eingerichtet.

In diesem Sinne ist ein Team eine Gruppe von Mitarbeitern, die für einen ganzen, geschlossenen Arbeitsgang verantwortlich ist und die das Ergebnis ihrer Arbeit als Produkt oder Dienstleistung an einen internen oder externen Empfänger liefert.

Je nach ihrer Funktion arbeiten die Mitglieder mehr oder weniger intensiv zusammen, um ihre Leistung zu verbessern, alltägliche Probleme zu lösen, ihre Arbeit zu planen und die Ergebnisse zu kontrollieren. Mit anderen Worten: Sie leisten nicht nur Arbeit, sondern organisieren sich auch selbst.

Sich selbst organisierende Teams

- sind an verschiedenen Management- und Führungsfunktionen beteiligt,
- planen, überprüfen, und verbessern selbstständig ihre Arbeitsvorgänge,
- setzen sich eigene Ziele und sorgen dafür, dass sie eingehalten werden,
- erstellen oft ihre eigenen Arbeitspläne und beurteilen ihre Leistung im Gruppengespräch,
- planen ihr eigenes Budget und koordinieren die Zusammenarbeit mit anderen Abteilungen,

- sind meist für Materialbeschaffung und Lagerhaltung verantwortlich,
- kümmern sich um die berufliche Weiterbildung ihrer Mitglieder,
- können frei werdende Stellen neu besetzen und Disziplinarstrafen gegen einzelne Mitglieder verhängen und
- sind für die Qualität ihrer Produkte oder Dienstleistungen voll selbst verantwortlich.

Grundsätzlich zeichnen sich jedoch Teams, gleichgültig für welchen Zweck und welche Lebensdauer sie eingerichtet wurden, durch **folgende wesentliche Merkmale** aus:

Merkmale eines Teams

- Ein Team besteht aus Mitarbeitern der von einer Aufgabe betroffenen Funktionen.
- Es hat ein genügend hohes Maß an **Freiheit** bezüglich Strukturen, Selbstorganisation, Selbststeuerung, Querinformation und Arbeitsstil.
- Die Mitglieder stimmen die Fähigkeiten und Interessen untereinander ab. Das Team kompensiert Schwächen, nutzt Stärken mehrfach und arbeitet **rivalitätsarm**.
- **Prozessdenken** hat eine hohe Bedeutung, Kästchendenken ist nicht gefragt. Fallweise vereinbarte **Spielregeln** steuern das Miteinander.
- **Aufgabenentwicklung** und Entwicklung der Arbeitsweisen sind **zielbezogen** und methodisch vielfältig. Funktionen wie Kontrolle, Reflexion, Koordination und Arbeitsteilung werden ohne großen Arbeitsaufwand selbst gesteuert und integriert wahrgenommen.
- Ein Team kann **Leistungen „spontan“** erbringen. Das Bewusstsein, von den anderen anerkannt zu werden, gibt Energie, die sich nicht in offenen oder verdeckten Kämpfen um Geltung verbraucht.
- Das **Verhalten** ist direkt, locker und **partnerschaftlich**. Die Arbeit ähnelt einem intensiven Gespräch, bei dem die Partner auf

gleicher Wellenlänge liegen. Die Arbeit wird als produktiv, kreativ und innovativ empfunden und macht Spaß.

- **Schranken und Barrieren**, hinter denen sich der Einzelne als Positionsinhaber und Rollenträger verstecken kann, sind möglich.
- **Kritik, Konflikt und Auseinandersetzung** können jederzeit stattfinden. Dies geschieht in einer Vertrauensatmosphäre, die Offenheit erlaubt, weil man sich der Fairness sicher ist und das Team eine ausgleichende bzw. korrigierende Aufgabe übernehmen kann und auch übernimmt. Diese Sicherheit schränkt destruktiven Umgang miteinander ein, so dass Schuldzuweisungen, Feindseligkeiten und die Herabsetzung von Personen selten auftreten.
- Klare Interessenbenennung und der Wille zum Miteinander, auf der Basis gegenseitiger Anerkennung, führen in verstärktem Maße zur **konstruktiven Kompromissbildung**. Dies ist zwar ein anstrengender Weg, aber auch genau der, den jeder will.

Angesichts dieser Charakteristika von Teams wird deutlich, dass ein Team mehr ist als eine Gruppe. Team und Gruppe haben zwar verschiedene Gemeinsamkeiten, wie z. B. die Tatsache, dass sie beide aus mehreren Personen bestehen, die ein gemeinsames Ziel anstreben, doch bei näherem Hinsehen sind ihre Unterschiede vielfältig (**Checkliste**).

Checkliste: Unterschiede zwischen herkömmlicher Arbeitsgruppe und einem Team

	Arbeitsgruppe	Team
Zusammensetzung	feste Anzahl von Mitgliedern	meist variable Mitgliederzahl
	Mitarbeiter stammen alle aus einem Fachbereich	Mitarbeiter stammen aus verschiedenen Fachbereichen
	Mitglieder besitzen vergleichbare Kenntnisse und Fähigkeiten	Mitglieder ergänzen sich bzgl. ihrer Kenntnisse und Fertigkeiten
	jedes Mitglied hat seinen festen Aufgabenbereich und es findet kaum Wissenstransfer statt	jedes Mitglied hat eine Hauptaufgabe, kann aber auch jede andere Aufgabe im Team wahrnehmen und es findet ein regelmäßiger Wissenstransfer statt

Checkliste: Unterschiede zwischen herkömmlicher Arbeitsgruppe und einem Team		
Führung	an der Spitze steht ein Gruppenleiter, der auf unbefristete Zeit „von oben" offiziell benannt wurde	es wird entweder ein Teamleiter „von oben" für die Dauer des Teamauftrages offiziell eingesetzt oder ein Teamsprecher vom Team selbst gewählt
	der Gruppenleiter hat die Führung im traditionellen Sinne allein inne	die Führungsfunktionen verteilen sich überwiegend auf alle Teammitglieder
	die Entscheidungsgewalt liegt deutlich beim Gruppenleiter	bei der Entscheidungsfindung besitzen alle Teammitglieder gleiches Stimmrecht
Organisation	die Arbeitsgruppe ist eine nach festen Regeln strukturierte, beständige organisatorische Einheit	das Team ist eher variabel strukturiert und organisiert sich weitgehend selbst
	die Arbeitsgruppe bekommt bestimmte Aufgaben zur Erledigung zugewiesen und arbeitet diese nacheinander ab	im Team streben alle Mitglieder nach der Erreichung eines gemeinsamen Zieles und es agiert weitgehend unabhängig neben der Linienorganisation
	die Arbeitsgruppe stellt einzelne Arbeitsabschnitte fertig und gibt Vorgänge dann an den nächsten Fachbereich weiter	das Team erledigt umfassende Aufgabenpakete selbstständig und vollständig

An der vorangegangenen Gegenüberstellung lässt sich zeigen: **Nicht jede Arbeitsgruppe ist ein Team, doch jedes Team ist mindestens eine (Arbeits-)Gruppe!** Abb. 4 stellt beispielhaft die Unterschiede zwischen Arbeitsgruppe und Team in Bezug auf das Leistungsniveau dar.

Wie die Abb. 4 zeigt, unterscheidet sich die Gesamtperformance zwischen Gruppe und Team deutlich. In der Praxis finden sich häufig nicht einmal Arbeitsgruppen im engeren Sinne, sondern lediglich „Ansammlungen von Individualisten". Hier kommt es nicht selten eher zum **„Gegeneinander"** aufgrund des starken Bedürfnisses der Individuen die persönlichen Ziele und Interessen zu verwirklichen. Zur Gruppe avanciert eine „Ansammlung von Individualisten" erst durch den Aspekt der Verbindlichkeit. Der gemeinsame Auftrag, ein gemeinsames Ziel und gemeinsam geregelte Vorgehensweisen ver-

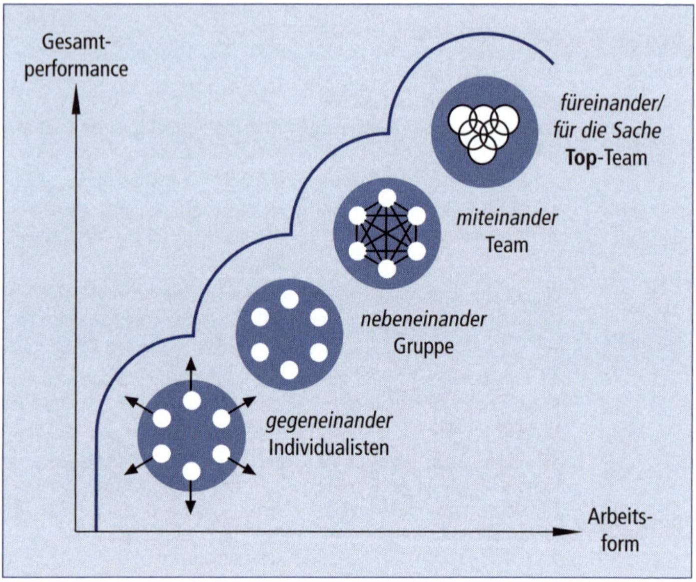

Abb. 4: Unterschiede im Leistungsniveau zwischen Gruppe und Team

binden die Individuen zur Gruppe und ermöglichen die Entwicklung vom Gegeneinander zum **Nebeneinander**. In dieser Art von Gruppe ist eine gemeinsame Zielorientierung vorhanden, aber die Verantwortlichkeit hat noch „Einbahnstraßen-Charakter". Das heißt, die Verantwortung trägt immer noch der Chef. Erst wenn sich die Verantwortung auf alle Gruppenmitglieder verteilt nach dem Prinzip „Einer für alle, alle für einen", vollzieht sich die Wandlung von der (Arbeits-)Gruppe zum Team. Dann machen ausgeprägte Vertrauensbeziehungen, intensive und effektive Kommunikation sowie klare Aufgaben- und Rollenzuteilungen das **Miteinander** möglich. Nun wird das gemeinsame Ziel dazu genützt, die Energien der Teammitglieder entsprechend auszurichten und zu bündeln, so dass große Synergieeffekte erzielt werden können. Die höchste Entwicklungsstufe, die ein Team erreichen kann, ist das **Füreinander bzw. für die gemeinsame Aufgabe**. Wenn Denken und Handeln aller Teammitglieder so ineinander greifen, dass ein hervorragendes Arbeits- und

Beziehungsklima entsteht, wird das Team zu höchster Performance befähigt und damit zum „TOP-Team“.

Kurz gesagt: In einem Team ziehen alle Mitglieder am selben Strang. Alle Teammitglieder sind sich bewusst, dass sie Teil einer Arbeitsgemeinschaft sind und deshalb dasselbe Schicksal teilen. Sie erleben, dass Erfolg des Einzelnen Erfolg für das ganze Team bedeutet und dass das, was für einen gut ist, auch für alle gut ist. Deshalb feiern sie auch gemeinsam die Erfolge des Teams und teilen Misserfolge.

In diesem Sinne soll in diesem Zusammenhang **„Team“ als Begriff für eine außergewöhnliche Gruppe** verstanden werden,

- die durch die Vereinigung der persönlichen Stärken aller Mitglieder auch unter erschwerten Bedingungen außerordentlich leistungsfähig ist,
- in der durch ein ausgeprägtes Verantwortungsbewusstsein aller Mitglieder und deren Bereitschaft ihre persönlichen Ziele dem Teamziel unterzuordnen eine hartnäckige Zielorientierung vorherrscht,
- in der sich die Mitglieder gegenseitig so anspornen, dass ein Synergieeffekt zustande kommt, d. h. die Gesamtleistung größer ist als die Summe der Einzelleistungen,
- die durch eine sinnvolle Koordination von Teilaufgaben und individuellen Fertigkeiten und Kenntnissen ihren Auftrag optimal zu bewältigen vermag,
- in der zwischenmenschlich ein Klima des gegenseitigen Vertrauens und Offenheit herrscht und sich die einzelnen Mitglieder mit „ihrem“ Team stark identifizieren und
- in der Kommunikation auf der Basis gegenseitigen Verstehens eine optimale Verknüpfung von Informationen und ein aufrichtiges Ausdiskutieren verschiedener Ansichten garantiert.

Aufgrund der Stärken von funktionierenden Teams ließe sich eine endlose Liste von Beispielen für Erfolge teamorganisierter Unternehmen anführen. So konnte dank Teamarbeit das Transportunternehmen Federal Express seine Fehlerquote (z. B. verspätete Zustellung, verlorene Pakete) um 13% senken (vgl. *Dumaine 1990*) und das Volvo-Werk in Kalmar seine Fehlerkosten um 90% reduzieren (vgl. *Patinkin 1987*) – um an dieser Stelle nur zwei Beispiele zu nennen.

Allerdings bringt Teamarbeit nicht generell einen Leistungsvorteil gegenüber Einzelarbeit. Vielmehr ist es von der Art der zu bewältigenden Aufgabe abhängig, ob sich Teamarbeit oder Einzelarbeit stärker bezahlt macht.

Teamarbeit ist insbesondere dort sinnvoll, wo die Erfüllung einer Aufgabe ein genügend hohes Maß an direkter Zusammenarbeit erfordert. Dies ist bei komplexen, arbeitsteiligen und funktionsteiligen Aufgabenstellungen der Fall, bei denen übergreifend und interdisziplinär eine Abhängigkeit besteht. Teamarbeit ist auch dort angesagt, wo es darum geht, mit schwach strukturierten oder diffusen Problemstellungen zu arbeiten, die durch unsichere Informationslage, unklare Aufgabenstellungen oder sehr komplexe Informationsverknüpfungen gekennzeichnet sind. Außerdem bringt Teamarbeit Vorteile, wenn Entscheidungen abgewogen werden sollen, in die möglichst viele Aspekte einfließen sollen. Die sich bei dem sinnvollen Einsatz von Teamarbeit ergebende Produktivitätssteigerung und Erhöhung der Qualität der geleisteten Arbeit ist eine Folge des sich in einer integrierten Gruppe ergebenden **Synergieeffektes** gegenüber den addierten Einzelleistungen der Teammitglieder.

Demgegenüber ist der Einzelarbeit überall dort der Vorzug zu geben, wo tayloristische, von Vorgängern und Nachfolgern unabhängige Aufgaben erfüllt werden müssen. Hier reichen zur Koordination meist Anweisungen, Vereinbarungen und Regeln „von oben“. Darüber hinaus kann Einzelarbeit vorteilhaft sein, wenn es um reine Routinearbeiten geht, die möglichst rasch zu erledigen sind und bei denen es um einen Rückgriff auf bekannte Informationen, Abläufe und Regeln geht.

Konkret lässt sich der Rahmen des sinnvollen Einsatzes von Teamarbeit wie folgt abstecken *(Francis/Young 1992)*:

Teamarbeit ist vorteilhaft, wenn:

- **komplexe Vorhaben verwirklicht und vielfältige Probleme im Sinne der Interessen aller kreativ gelöst werden sollen.** Teams sind für die Bewältigung all der Aufgaben sinnvoll, die eine interdisziplinäre Zusammenarbeit erfordern, d. h. wo für einen hohen Wirkungsgrad von Problemlösung die Kooperation mehrerer Spezialisten notwendig ist.

- **die Aufgabe ein schnelles und gezieltes Reagieren auf Veränderungen notwendig macht.** Teams zeichnen sich durch Flexibilität hinsichtlich ihrer Handlungsstrategien aus und sind daher überall dort angesagt, wo der Erfolg eines Vorhabens von einem raschen und effektiven Einstellen auf eine neue Situation abhängt.
- **der Erfolg eines Auftrags von einer gleichbleibend und anhaltend hohen Motivation der beauftragten Mitarbeiter lebt.** Das Team zeichnet sich durch ein gutes zwischenmenschliches Klima aus und liefert dem einzelnen Mitglied Möglichkeiten, das eigene Selbstwertgefühl zu stärken und gleichzeitig durch das Wir-Gefühl der Gemeinschaft zu Aktivität und Leistung angespornt zu werden. Das Team gibt seinen Mitgliedern die Gelegenheit, ihre höheren Bedürfnisse nach Anerkennung, Selbstverwirklichung und Selbstachtung zu befriedigen, was zu hoher Zufriedenheit und ausgeprägtem Leistungswillen führt.
- **die Aufgabe möglichst praxisgerechte und realisierbare Entscheidungen fordert.** Teams haben nicht nur den Vorteil, dass sie tendenziell qualitativ hochwertigere Entscheidungen zu fällen vermögen als Einzelpersonen, sondern außerdem, dass Entscheidungen so getroffen werden, dass sich alle Teammitglieder damit identifizieren können. Dies ist wiederum die wichtigste Bedingung dafür, dass Entscheidungen korrekt und nicht nur halbherzig in die Tat umgesetzt werden.
- **in einem Unternehmen grundlegende Veränderungen durchgeführt werden sollen.** Einzelpersonen fehlt es meist an Einflusskraft, um tief greifende Umstrukturierungen zu bewirken, in einem Team vereinen sich jedoch mehrere Kräfte, die dementsprechend eher Einfluss nehmen und Änderungen durchsetzen können.
- **das Unternehmen die Notwendigkeit einer stetigen Weiterentwicklung seiner Mitarbeiter erkannt hat** und dieser in Form

von innerbetrieblicher Fortbildung nachkommen will. Da sich in einem Team ein großes Wissenspotential und eine Vielfalt von Fertigkeiten vereinigt, können alle Mitglieder sowohl fachlich als auch sozial voneinander lernen und profitieren.

Damit Teamarbeit jedoch die Früchte tragen kann, die man sich in den Unternehmen erhofft, muss eine Reihe von **Voraussetzungen** erfüllt sein. Im folgenden Kapitel werden die vielzähligen positiven und negativen Einflussfaktoren auf das Funktionieren von Teamarbeit systematisch dargestellt.

2. Kapitel

Was macht ein Team erfolgreich?

Ob Teams in der Praxis versagen oder nicht, ist von dem Zusammenspiel und der Dynamik vieler einzelner Faktoren abhängig. Im Wesentlichen lassen sich zwei Dimensionen unterscheiden: **„harte“ und „weiche“ Faktoren** (Abb. 5).

Unter „harten“ Faktoren fassen wir all diejenigen Aspekte zusammen, die objektiv „messbar“ und empirisch überprüfbar sind, wie z. B. Zeit- und Zielvorgaben, Projektplanung und Aufgabenverteilung etc., während unter den „weichen“ Faktoren die Phänomene erfasst sind, die im Allgemeinen als nur schwer messbar gelten, jedoch von jedem Einzelnen und der Gruppe selbst subjektiv wahrgenommen werden und für den Erfolg eines Teams ebenfalls von entscheidender Bedeutung sind. Dazu gehören u. a. Offenheit, Vertrauen, „Teamgeist“, Toleranz etc. Obwohl alle Faktoren in einer permanenten Wechselwirkung stehen und genau genommen nicht isoliert voneinander betrachtet werden können, seien die wichtigsten Faktoren einzeln beschrieben und herausgearbeitet.

Anhand dieser Ausführungen können Sie selbst eine erste „Teamdiagnose“ erstellen, um z. B. herauszufinden, wie es um ihr eigenes Team oder um die Voraussetzungen für ein Team bestellt ist. Achten Sie dabei nicht nur auf die einzelnen **„Erfolgsfaktoren“** an sich, sondern insbesondere auch auf ihre spezifische Ausprägung.

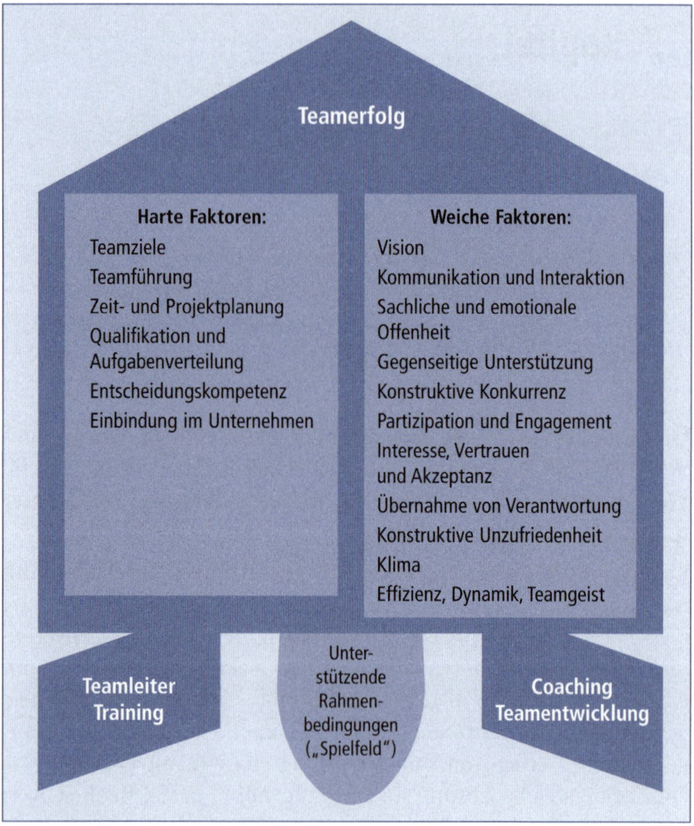

Abb. 5: Die „Teamrakete"

2.1 Die „harten" Faktoren

Teamziele

„Obwohl weder das genaue Ziel definiert, noch die Vorgehensweise geklärt war, wurden von der Entwicklungsleitung der Geschäftsführung bereits Endtermine für die Serienreife genannt", so die Klage eines Teamleiters aus der Entwicklung.

Diese und ähnliche Aussagen sind kein Einzelfall. Erfahrungsgemäß kranken Teams in der Praxis an **klaren und verbindlichen Zielsetzungen**. Häufig findet man unverbindliche Absichtserklärungen, unrealistische Wunschvorstellungen, vage Ideen und Alibi-Ziele, die keiner der Beteiligten für sinnvoll oder erstrebenswert hält. Manchmal werden Ziele auch erst im Nachhinein festgelegt, während des Prozesses immer wieder geändert oder von Zeit zu Zeit ganz in Frage gestellt. Das Ergebnis ist vorprogrammiert: „Teamverdrossenheit" – ein zäher Start mit uninteressierten Teilnehmern, der über kurz oder lang zu einer Zersplitterung der Kräfte und Interessen und damit zum vorzeitigen Scheitern führt.

Für die Entstehung, Aufrechterhaltung und den Erfolg eines Teams ist **ein verbindliches und verbindendes Ziel** von zentraler Bedeutung. Damit der Arbeitsauftrag von allen Mitgliedern als gemeinsame Herausforderung verstanden wird, die die Motivation des Einzelnen und den Zusammenhalt der Gruppe stärkt, müssen Teamziele mehrere Bedingungen erfüllen.

Teamziele müssen…

- **eindeutig formuliert** sein, damit über ihre Deutung keine Missverständnisse entstehen können,
- **messbar definiert** sein, so dass ihre Aktualität und der Erfolg des Teams von den Mitgliedern laufend überprüft werden kann,
- **schriftlich festgelegt** werden, damit sie allen Mitgliedern jederzeit klar in Erinnerung gerufen werden können,
- die **Ableitung von Unterzielen** erlauben, weil diese verhindern, dass auf dem langen Weg zur endgültigen Zielerreichung den Mitgliedern aufgrund mangelnder Erfolgserlebnisse „die Puste ausgeht",
- jedem Team-Mitglied so **akzeptabel und erstrebenswert** erscheinen, dass sie sein volles Engagement zur Zielerfüllung rechtfertigen,
- sich entweder mit den individuellen Zielen der Mitglieder decken oder so **faszinierend** sein, dass persönliche Ziele zugunsten der gemeinsamen Herausforderung zurückgestellt werden,

- von jedem Einzelnen einen **Einsatz abverlangen**, der einerseits eine klare Herausforderung darstellt, aber andererseits nicht permanent an die Grenzen der Leistungsfähigkeit geht und
- den Mitgliedern so vermittelt werden, dass sich alle Beteiligten ausnahmslos für ihre Erreichung **voll verantwortlich** fühlen.

Außerdem besteht, wie Abb. 6 zeigt, eine besondere Problematik darin, die Teamziele in den Kontext der bereits bestehenden Ziele von Unternehmen, Teilbereichen, Abteilungen, Vorgesetzten, Mitarbeitern etc. so einzubetten, dass sie sich nahtlos bzw. ergänzend einfügen. Fraglos treten dabei häufig offene oder verborgene **Zielkonflikte** auf, die diskutiert und gelöst werden müssen, bevor ein effektives Arbeiten möglich ist. Je besser diese Gesamtabstimmung und Integration bereits zu Beginn eines Vorhabens gelingt, desto größer sind auch die Chancen für einen erfolgreichen Abschluss.

Abb. 6: „Zielchaos" versus „Zielintegration" beim Teammanagement

Kurzum: Jedes Team braucht ein Ziel – ob von außen gesetzt oder im Rahmen übergeordneter Ziele selbst festgelegt. Wesentlich ist, dass Zielsetzungen anerkannt und als wichtig erachtet werden. Dies ist allerdings in der Regel eher zu erwarten, wenn das Team Gelegenheit hat, an der Zielformulierung und Aufgabenstellung mitzuarbeiten. Dabei ist wichtig, das gewünschte Resultat zu quantifizieren und klar zu umreißen, mit welchen Maßstäben die Leistung des Teams zu messen ist. Dazu allerdings braucht es Verständnis und Wissen über Hintergründe, Strategien und Perspektiven. Für eine dauerhafte Identifikation mit einer Zielsetzung müssen zudem objektive und subjektive Ziele zumindest in Teilbereichen übereinstimmen. Konkret: Das einzelne Teammitglied muss mit der Erreichung des betrieblichen Ziels zugleich auch persönliche Ziele (wie z. B. Anerkennung, Erfolg, Entwicklung, Einkommen, Qualifizierung, fachliche Interessen) zu einem gewissen Maß befriedigen können. Ist dies über längere Zeit nicht möglich, reduziert sich der teamspezifische Motivationseffekt, bzw. an seine Stelle tritt Gleichgültigkeit und Frust.

Teamführung

Teamarbeit ist kein demokratisches oder „antiautoritäres" Konzept. Unter Umständen kann eine weitgehend direktiv geführte Gruppe ein gutes Team sein, ebenso wie eine Gruppe Gleichgestellter.

Die Frage ist hier eher die Art und Weise, wie Führung praktiziert und organisiert wird. Führung im Team ist nicht Selbstzweck, sondern hat eine **Dienstleistungsfunktion** für Leistungserstellung, Problembewältigung, Teamerhalt und -entwicklung. Sie ist also abhängig von der Art und den Umständen des Auftrags, den strukturellen Bedingungen und der personellen Zusammensetzung des Teams. Damit ist Führung ein Vorgang in und mit dem Team und in diesem Sinne partizipativ. Sie darf nicht dauerhaft ohne das Team oder auf Kosten des Teams geschehen.

Teams brauchen eine klare Führung. Allerdings wesentlich weniger wie bisher über Machtstrategien und Hierarchie als über Entwicklungsorientierung und Einbindung der Betroffenen. **„Zug statt Druck"** lautet das Motto des **„teamorientierten Führungsstils"**, der vom Teamleiter neben einer hohen fachlichen Akzeptanz erhebliche methodische, organisatorische, soziale und persönliche Kompetenzen verlangt, die auf die produktive Zusammenarbeit und Entwicklung des Teams als Ganzes und der einzelnen Teammitglieder gerichtet sind.

Ein Team kann nur dann seine optimale Leistungsfähigkeit bewahren, wenn die Mitglieder die Führungskraft als Träger ihrer Teambemühungen ansehen und ihr in der Art und Weise, wie sie Führung gestaltet, weitgehend zustimmen.

Ein gutes Team führt sich in Teilbereichen selbst, das heißt es entwickelt und akzeptiert ein prozesshaftes und komplexes Vorgehen für

- Zielfindung, Strategie, Methodenentwicklung,
- Arbeitsteilung, Gestaltung, Spielregeln,
- Kontrolle, Reflexion, Situationsanalyse und Konfliktregelung.

Da Kontrolle von oben nur sehr sporadisch und strukturiert stattfindet, entwickelt sich in guten Teams beispielsweise das, was man subtile Kontrolle untereinander nennen könnte. Sie reicht von Kontrolle durch gegenseitige Anerkennung bis zur Kontrolle durch Kollegen- bzw. Gruppendruck.

Führung im Team bedeutet hier die **gemeinsame Gestaltung eines Prozesses**, der je nach Reifegrad des Teams und je nach dem zu lösenden Problem im Prinzip von jedem Teammitglied nach vorher festgelegten Regeln oder Vereinbarungen (z. B. zeitlich oder thematisch begrenzt) übernommen werden kann. Durch dieses **„rollierende Führungsprinzip“** gewinnt das Team an Flexibilität und Stärke, wenn (in schwierigen Situationen oder bei wichtigen Entscheidungen) jeweils das Mitglied das Steuer in die Hand nimmt, das angesichts des vorliegenden Problems über das notwendige fachliche und methodische Wissen und/oder das erforderliche Feingefühl verfügt. Funktional kann dieses Vorgehen über die Stellvertreterregelung festgelegt werden. Nimmt die Führerrolle in einem Team jedoch ausschließlich eine bestimmte Person wahr, birgt dies u. a. folgende Gefahren:

- Die anderen Team-Mitglieder entwickeln in Bezug auf Führung eine gewisse Unselbstständigkeit und Passivität.
- Es kommen nicht die zur Bewältigung der Situation am besten geeigneten Mitarbeiter zum Zuge.
- Die Entscheidungen und Problemlösungen im Laufe der Gruppenarbeit werden in Richtung der Vorlieben und Interessen des/der Führenden manipuliert.
- Das Team wird unter Umständen bei Ausfall der Führung handlungsunfähig, weil sich keiner für die Übernahme dieser Aufgabe zuständig fühlt.

Lernen dagegen alle Mitglieder von Anfang an, sich Führungsaufgaben zu stellen, wenn im Team ein Bedürfnis danach aufkommt, erhöht sich die Reaktionsfähigkeit, und es ist gewährleistet, dass das Team jederzeit handlungsfähig ist.

Führung von außen wird allerdings immer dann notwendig, wenn ein Team keine angemessenen Selbststeuerungsinstrumente entwickelt und praktiziert.

Effiziente Zeit- und Projektplanung

Die größte Gefahr für ein unerfahrenes Team besteht im Umgang mit der zur Verfügung stehenden **„gemeinsamen" Zeit**. Vor allem bei „crossfunktionalen", also fachbereichsübergreifenden Teams können die gemeinsamen Abstimmungsprozesse oft sehr langatmig und schwierig sein und so ein erhebliches Konfliktpotential bilden. Ein gutes Team versteht es, die zur Verfügung stehende Zeit so zu nutzen, dass bei allen Beteiligten Zufriedenheit und das Gefühl von Effizienz erzeugt wird. Es verzettelt sich nicht in endlosen Debatten, sondern die Mitglieder zeigen eine hohe Disziplin bezüglich Vorbereitung, Durchführung und Nachbereitung von Besprechungen. Ebenso werden Entscheidungsprozesse und Prioritätenfestlegungen bei Projekten – soweit irgend möglich – durch einstimmige Beschlüsse und nicht durch „pseudodemokratische Bügeltechnik" oder „Ober-sticht-Unter-Methode" festgelegt. Damit können die meisten der Krisen innerhalb der Gruppe verhindert werden, die sich z. B. aus Machtkonflikten, dem Aufschieben von Arbeiten, selbst erzeugtem Zeitdruck und versäumten Terminen ergeben.

Gutes Zeit- und Planungsmanagement sichert der Gruppe immer wieder Erfogserlebnisse und wirkt sich direkt positiv auf die Leistungsbereitschaft und -fähigkeit aus. Unabdingbare Voraussetzung dazu ist allerdings die Bereitstellung und Beherrschung des entsprechenden Instrumentariums. Dazu gehört insbesondere die Handhabung unterschiedlicher Planungs-, Koordinations- und Kontrollsysteme. Die wichtigsten sind u. a. „Handwerkszeug" zur Steuerung von:

- Struktur und Abwicklung

- Organisation und Ablauf
- Kosten
- Terminen
- Qualitätsparametern
- Kapazitäten
- Informationsfluss

Mit diesem arbeitsmethodischen Rüstzeug lassen sich dann evtl. auftretende Probleme schnell und effizient in den Griff bekommen (siehe Näheres dazu in Kapitel 3).

Qualifikationsniveau und klare Aufgabenverteilung

Die Erfolgschancen eines Teams stehen verständlicherweise sehr schlecht, wenn die Aufgabenverteilung nicht ausreichend auf die Kenntnisse, Fertigkeiten und auch Neigungen der Mitarbeiter abgestimmt ist. Es fehlt dann die grundlegendste Voraussetzung für die Mitarbeiter, effektiv arbeiten zu können. Auch der ehrgeizigste Mitarbeiter wird an seiner Tätigkeit die Freude verlieren, wenn er sich in Bezug auf die ihm gestellte Aufgabe ständig überfordert fühlt. Wenn nur ein einziger Mitarbeiter nicht entsprechend seiner Stärken in den Arbeitsauftrag eingebunden ist, gehen dem Team wichtige Energien verloren. Mehr noch – ähnlich dem schwächsten Glied einer Kette ist u. U. bei einer einzigen Fehlbesetzung der gesamte Teamerfolg gefährdet. Umgekehrt kann eine durchdachte Aufgabenverteilung innerhalb eines Teams entscheidend dazu beitragen, dass eine Arbeitsgruppe Spitzenleistungen erreicht. Insofern scheint es berechtigt zu sein, erst dann von einem „Team" zu sprechen, wenn eine exakte Abstimmung der Gruppenstruktur auf den Arbeitsauftrag sowie eine sinnvolle Koordinierung individueller Fähigkeiten und Teilaufgaben in der Gruppe realisiert sind. Sind Funktionen und Aufgaben innerhalb eines Teams nicht angemessen und unmissverständlich geregelt, verliert das Team unnötig Zeit und Energie durch Streitereien um vermeintliche Mehrarbeit, Über- und Unterforderung, unberechtigte Führungsansprüche, Fragen der Kontrolle und Organisation, Kompetenzüberschreitungen, unterschiedliche Arbeitsstile und Rollenverständnisse. Weiß dagegen jedes Teammitglied genau, was es selbst zu tun hat und was in die Aufgabenbereiche der anderen fällt, ersparen sich alle Ärger über doppelt erledigte bzw. liegen gebliebene Arbeiten.

Damit das Team auch in schwierigen Situationen handlungs- und somit leistungsfähig bleibt, ist es wichtig, dass bereits *vorab* für einen eventuell eintretenden Problem- bzw. Konfliktfall **Verfahren und Vorgehensweisen festgelegt, Personen benannt und Aufgaben verteilt** werden. Damit wird der Gefahr vorgebeugt, dass im Ernstfall durch überstürztes und unkoordiniertes Vorgehen z. B. Probleme falsch angegangen oder falsche Schlüsse gezogen werden. Bemüht sich dagegen das Team gemeinsam, einem Krisenplan bzw. einer Problemlösungsstrategie zu folgen und eine sorgfältige Diagnose der kritischen Situation vorzunehmen, sind die besten Voraussetzungen für eine effektive und konstruktive Problemlösung gegeben.

Entscheidungskompetenz

Solange die Entscheidungsprozesse im Unternehmen klar, eindeutig und transparent ablaufen und kommuniziert werden, gibt es in der Praxis nur selten Konflikte. Dann können in Teams jederzeit auch harte Entscheidungen getroffen werden, selbst wenn diese das Zurückstellen der persönlichen Interessen der Mitarbeiter erfordern. Allerdings werden die unterschiedlichen Formen der Entscheidungsfindung im Unternehmen zumeist inkonsequent oder nur halbherzig gehandhabt. Meist fehlt die Klarheit, ob es sich im Einzelnen um eine Linien-, Fach- oder Teamentscheidung handelt. Die Auswirkungen auf die Teamarbeit kennen viele aus eigener Erfahrung: erhöhter innerer und äußerer Erfolgsdruck, blockierte Entscheidungen durch tangierende Abteilungen, benachteiligte Mitarbeiter durch Linienvorgesetzte, „schwammige" Entscheidungskompetenz des Teamleiters und unklare Handlungsspielräume der Gruppe.

Das beschriebene Problem entsteht offensichtlich u. a. dadurch, dass sich die drei genannten Entscheidungsformen im Wesentlichen durch ihren Grad der Fremd- bzw. Selbstbestimmung unterscheiden, jedoch im betrieblichen Alltag in ihrer unterschiedlichen Verbindlichkeit häufig entweder für die Betroffenen nicht klar erkennbar oder nicht akzeptabel sind. Um Missverständnisse und Verwirrung bei den Mitarbeitern so gering wie möglich zu halten, muss jede Entscheidungsform eindeutig identifizierbar sein (Abb. 7).

Vereinfacht könnte das heißen, dass **Linienentscheidungen**, die z. B. von der Geschäftsleitung gefällt oder in ihrem Auftrag durchzuführen sind, auch als solche klar kommuniziert werden, da von ihrer verbindlichen Einhaltung die Sicherung des Unternehmens oder gar dessen Überleben abhängt. Ihre Verbindlichkeit ist hoch, auch wenn sie von den Betroffenen nur selten beeinflusst werden können. Ein Beispiel dafür wäre z. B. der Abbruch eines Entwicklungsprojektes aufgrund nicht vorhergesehener Marktveränderungen. Soweit Linienentscheidungen das Team betreffen, sollten sie akzeptiert und umgesetzt werden. Entgegen der bestehenden Praxis erscheint eine intensive inhaltliche Diskussion nur dann angemessen und sinnvoll, wenn entweder berechtigte Zweifel bestehen, dass bei den Entscheidern alle wesentlichen Informationen bekannt waren oder wenn daraus im Sinne einer Vorwärtsstrategie wesentliche Schlüsse für das Nachfolgeprojekt gezogen werden können.

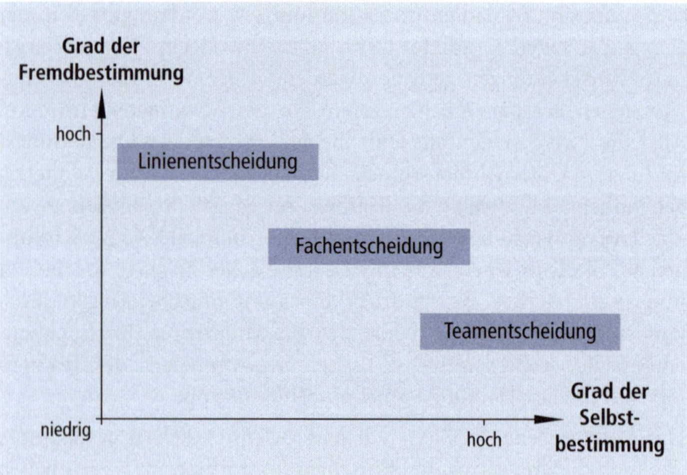

Abb. 7: Linien-, Fach- und Teamentscheidung in Abhängigkeit vom Grad der Fremd- bzw. Selbstbestimmung der Betroffenen

Eine ähnliche Festlegung sollte für die **Fachentscheidung** angestrebt werden, die überall dort sinnvoll ist, wo die ausdrückliche Kenntnis oder die Ergebnisse eines oder mehrerer Experten notwendig sind, um die sachlich richtige Entscheidung fällen zu können. Dies ist häufig bei Spezialprojekten der Fall, bei denen sich die Beteiligten auf die Kompetenz des einzelnen Experten verlassen müssen. Zweifel an der Fachkompetenz des Experten, überzogene Mitspracherechte aufgrund eines falsch verstandenen demokratischen Führungsstils und die Einmischung selbst ernannter Spezialisten erschweren allzu oft völlig unnötig die Beschlussfassung. Auch hier können langatmige Diskussionen vermieden werden, wenn vorher geklärt ist, wer als Experte zu dem entsprechenden Thema Stellung nehmen soll.

Lediglich bei „echten" **Teamentscheidungen** ist die Mitsprache und Beteiligung aller sinnvoll und notwendig. Dies sind im Wesentlichen Entscheidungen, die es erforderlich machen, dass aufgrund der Komplexität des Sachverhaltes möglichst alle Aspekte gehört und alle Interessen der Betroffenen und Beteiligten berücksichtigt werden, wie das z. B. zu Beginn eines neuen fachübergreifenden Projektes bei der Projektdefinition notwendig wäre, um möglichst frühzeitig eventuelle Probleme oder Schwierigkeiten zu erkennen. Dabei hat sich herausgestellt, dass die beste Lösung darin liegt, eine Gesprächssituation zu erzeugen, in der „dem zwanglosen Zwang des besseren Arguments" *(Habermas)* zum Durchbruch verholfen werden kann, indem z. B. durch eine strukturierte Moderation jeder Beitrag gleichwertig behandelt und bei der Entscheidungsfindung entsprechend berücksichtigt wird.

Hier ist allerdings Vorsicht geboten: Die Teamentscheidung beruht auf der Prämisse, dass eine gemeinsame, demokratische Entscheidung besser ist als eine Einzelentscheidung. Dies ist nur bedingt richtig. Wichtig dabei ist zu berücksichtigen, dass dies nicht immer und grundsätzlich der Fall sein muss; insbesondere dann nicht, wenn es um Spezialfragen geht, die ein einzelner Experte oft besser entscheiden kann als das Team selbst. Richtig ist allerdings, dass eine, im Idealfall einstimmig gefällte, Teamentscheidung einen wesentlich höheren Identifikationsgrad erzeugt als eine hierarchisch verordnete oder fachlich empfohlene.

Strukturelle Einbindung und Akzeptanz im Unternehmen

Durch das Herstellen geeigneter Rahmenbedingungen kann die Unternehmensführung einen entscheidenden Beitrag zum Teamerfolg leisten. Adäquate strukturelle Einbindung und Akzeptanz sind grundlegende Voraussetzungen, um Erfolge zu ermöglichen und Selbstvertrauen zu vermitteln. Dazu ist es u. a. nötig, dass

- die einzelnen Teammitglieder Einblick in die Bedeutung ihrer Tätigkeit für das gesamte Unternehmen erhalten,
- die Aufgabe eines Teams in der Gesamtorganisation eindeutig definiert ist,
- die Funktion eines Teams klar von den Funktionen anderer Teams abgegrenzt ist,
- unter den verschiedenen Teams Verständnis für ihre jeweiligen Aufgaben herrscht,
- das Team den Eindruck hat, dass Kreativität und Fachkenntnis seiner Mitglieder für das Unternehmen gewinnbringend eingesetzt werden,
- die Ziele des Teams mit den Unternehmenszielen in Einklang stehen und die Unternehmensziele den einzelnen Mitarbeitern nicht nur bekannt sind, sondern auch akzeptabel erscheinen,
- in der Gesamtorganisation die Beurteilungs- und Wertmaßstäbe der einzelnen Teams respektiert werden und
- von der Unternehmensführung klare Richtlinien für die Arbeit der Teams vorgegeben sind.

Als wesentlich hat sich auch die Beziehung zu anderen Gruppen, Teams und Organisationseinheiten herausgestellt. Schnittstellenprobleme und Ressortegoismen lassen sich dadurch wirksam bekämpfen. Das Verständnis für die Belange des Gesamtunternehmens nimmt zu.

Anders ausgedrückt: Die Geschäftsleitung bzw. das Management verhält sich dem Team gegenüber in gewisser Weise wie ein **Wagnisfinanzier**. Er beschränkt sich darauf, zu Beginn des Projekts – wenn

Aufwand, Chancen und Risiken bewertet sind – für Richtlinien, Budget und politische Unterstützung zu sorgen. Er greift nur selten in die Tagesarbeit ein und gibt dem Team die Freiheit, sich zu finden, zu strukturieren, seine eigene Richtung zu bestimmen, sich Ziele zu setzen und sie im Laufe des Entwicklungsprozesses zu verfeinern und in Ergebnisplänen zu präzisieren.

Checkliste I zur Teamdiagnose:		Die „harten Faktoren"
Schätzen Sie die Situation in Ihrem Team ein, indem Sie für folgende Leitfragen die entsprechende Punktzahl vergeben:		**1 = nein, überhaupt nicht** **2 = wenig, kaum merklich** **3 = teils, teils** **4 = ziemlich, weitgehend** **5 = ja, voll und ganz**
A.	**Teamziele:**	
(1)	Sind Ziele und Unterziele klar und eindeutig formuliert?	
(2)	Sind sie schriftlich festgelegt, überprüfbar und messbar?	
(3)	Sie sie für alle akzeptabel, erstrebenswert und herausfordernd?	
(4)	Sind sie zu den individuellen Zielen kompatibel?	
(5)	Fühlen sich alle für die Erreichung voll verantwortlich?	
B.	**Teamführung:**	
(1)	Wird über „Zug statt Druck" und dem „rollierenden Führungsprinzip" geführt?	
(2)	Werden die Mitglieder zu selbstständigem Handeln angehalten?	
(3)	Ist die Stellvertreterregelung zur Zufriedenheit aller festgelegt?	
(4)	Ist das Team auch ohne den Teamleiter handlungsfähig?	
C.	**Effiziente Zeit- und Projektplanung:**	
(1)	Inwieweit werden „Handwerkszeuge" zur Team- und Projektsteuerung eingesetzt?	
(2)	Besteht eine effiziente Zeitnutzung?	
D.	**Qualifikationsniveau und klare Aufgabenverteilung:**	
(1)	Erfolgt die Aufgabenverteilung nach den jeweiligen Kenntnissen, Fertigkeiten und Neigungen der Mitarbeiter?	
(2)	Gibt es eine exakte Abstimmung der Gruppenstruktur auf den Arbeitsauftrag?	
(3)	Gibt es klare Regelungen und Problemlösungsstrategien für den Konfliktfall?	

Checkliste I zur Teamdiagnose:		Die „harten Faktoren"
E.	**Entscheidungskompetenz:**	
(1)	Werden Entscheidungen nach sachlichen Aspekten gefällt?	
(2)	Sind die Entscheidungsformen situativ klar erkennbar?	
(3)	Gibt es klar abgegrenzte Kompetenzen des Teams?	
F.	**Strukturelle Einbindung und Akzeptanz im Unternehmen:**	
(1)	Ist den Einzelnen die Bedeutung ihrer Tätigkeit für das Unternehmen bekannt?	
(2)	Ist die Funktion des Teams von der anderer Teams klar abgegrenzt?	
(3)	Sind die Ziele des Teams mit denen des Unternehmens kompatibel?	
(4)	Sind die Schnittstellen zu anderen Organisationseinheiten geregelt?	
	Summe	

Zählen Sie Ihre Punktzahl zusammen:	
21–42 =	Der Erfolg Ihres Teams ist sehr gefährdet – tun Sie etwas!
43–73 =	Ihr Team hat noch deutliche Potentiale. Analysieren Sie die Schwachstellen und erarbeiten Sie gemeinsam einen Aktionsplan!
74–105 =	Ihr Team hat eine gute Basis für den gemeinsamen Erfolg – aber bleiben Sie wachsam!

2.2 Die „weichen" Faktoren

„Vision"

Im Gegensatz zum klar definierten und formulierten Ziel mobilisiert eine „gemeinsame Vision" schlummernde Kräfte, die mit den Begriffen „Ehrgeiz" oder „Sehnsucht" am besten umschrieben werden können. Ein vorgegebenes Ziel erreicht dann seinen Höhepunkt an verbindender und motivierender Wirkung, wenn das Ziel des Arbeitsauftrages sich von einer rein sachlichen Vorstellung in den Köpfen der Beauftragten zur gemeinsamen „Vision" entwickelt hat.

An zwei Beispielen sei der Kern einer „Vision" verdeutlicht: Das eine ist der bekannte Satz von *Saint Exupéry*: „Wenn Du ein Schiff bauen willst, dann rufe nicht Männer zusammen, um Holz und Material zu holen, sondern lehre sie die Sehnsucht nach dem weiten Meer." –

Das andere ist das Versprechen des amerikanischen Präsidenten *John F. Kennedy* nach dem „Sputnik-Schock“ 1961, als er seine „Vision“ von der „Mondlandung“ öffentlich propagierte, indem er versprach, dass bis zum Ende der Dekade die Amerikaner als Erste den Mond betreten würden.

Beide Aussagen haben zwei Dinge gemeinsam: Zum einen formulieren die Sprecher ein Fernziel, von dem zum Zeitpunkt der Aussage niemand genau weiß, ob und wie dieses Ziel zu erreichen ist; andererseits motivieren sie damit die Betroffenen so stark, dass diese ihre zukünftigen Anstrengungen auf die Realisierung der „Vision“ ausrichten. Auch in der Industrie gibt es zahllose Beispiele für realisierte „Visionen“: z. B. *Henry Ford* und sein Traum vom ersten Achtzylindermotor; *Akio Morita*s Traum vom multinationalen *Sony*-Konzern in der Größe von *Philips*. Gemeinsam liegt ein Wunsch, **eine Absicht mit hoher emotionaler Ladung** zugrunde. Bei beiden wurde ein Ziel vor dem geistigen Auge so lebendig, dass es gleichermaßen Kopf und Herz, Ratio und Emotion erfasste. Daraus erwuchs eine entscheidende gefühlsmäßige Identifikation der Person selbst und der beteiligten Mitarbeiter. Die Verwirklichung des Zieles wurde nicht mehr nur aus rationalen Gründen für notwendig gehalten, sondern „leidenschaftlich“ ersehnt, weil es für die Betroffenen wichtige Ideale widerspiegelte, die zu einem Teil ihres Lebenszwecks wurden.

In einer Gruppe wird durch diese Spannung zwischen „Vision“ und Wirklichkeit die vorhandene Energie auf zweierlei Weise mobilisiert: zum einen weckt sie den Ehrgeiz in jedem einzelnen Teammitglied, so viel wie möglich zur Realisierung beizutragen, und zum anderen stärkt sie das Gefühl der Verbundenheit der Mitglieder untereinander und schafft so durch emotionale Nähe eine optimale Basis für eine ungehinderte Kommunikation unter den Teammitgliedern.

Allseitige Kommunikation und Interaktion

Schnelle gegenseitige und reibungsarme Kommunikation ist der Träger der gesamten Teamdynamik. Erfolgreiche Teams zeichnen sich durch offene, ehrliche Kommunikation und Interaktion aus. Das bedeutet auf der Ebene der **Kommunikation**:

- Alle Teammitglieder sind bereit und fähig zur sog. „Meta-Kommunikation", d. h. sie haben es gelernt, sich über ihre Art der Kommunikation und des Umgangs miteinander offen und ehrlich auszusprechen, so dass zwischenmenschliche Probleme diskutiert und geklärt und effektivere und angemessenere Wege gesucht und gefunden werden können.
- Jedes einzelne Mitglied zeigt allgemein gesprächsfördernde Verhaltensweisen.
- Die Freiheit zur Meinungsäußerung wird von allen gleichermaßen praktiziert. Dabei werden Meinungsverschiedenheiten nicht als Störfaktoren, sondern als Informationsquellen bewertet.
- Informationsgefälle und Filter in Kommunikationskanälen werden so weit wie möglich beseitigt, d. h. neues Wissen, neue Aspekte und Zielabweichungen werden unverzüglich allen Beteiligten mitgeteilt und geklärt. Informationslücken werden nicht nur sofort angezeigt, sondern es wird ihnen auch durch eine für alle bestehende Zugriffsmöglichkeit auf alle Unterlagen vorgebeugt.

Auf der Ebene der **Interaktion** bedeutet das:

- Alle Teammitglieder sind bereit und fähig zu neuen Erfahrungen und zur angemessenen Übernahme ihrer Rollen.
- Das Verhalten der Einzelnen ist von einem wirklichkeitsgetreuen Bild der Mitglieder von ihrem Selbst und einem konstruktiven Realitätsbezug positiv geprägt.
- Alle Beteiligten treten untereinander in Interaktion – kein Teammitglied wird von den anderen gemieden und ausgeschlossen.

Kurz gesagt kommt die Effizienz bestimmter Teams dadurch zustande, dass es einerseits zwischen den Teammitgliedern aufgrund dichter Kommunikationsbeziehungen kaum Missverständnisse gibt und andererseits die Mitglieder häufig, gern und unkompliziert miteinander interagieren.

Sachliche und emotionale Offenheit

Für produktive Teamarbeit ist es von großer Bedeutung, dass die Teammitglieder offen zu dem stehen, was sie empfinden und was sie wollen. Diese Offenheit sorgt dafür, dass

- Probleme unverhohlen ausgesprochen werden und somit ihre Lösung unverzüglich angegangen werden kann, und
- die Mitglieder mehr voneinander erfahren, sich so besser in einander einfühlen können und sich persönlich näher kommen.

Das Problem liegt hierbei in der Tatsache, dass viele Menschen ihre Meinungen und Empfindungen verbergen, weil sie glauben, diese seien für die anderen nicht akzeptabel und würden ihnen daher Nachteile wie z. B. Spott und Geringschätzung einbringen. Manche befürchten auch, dass durch die Offenheit gegenüber anderen diese ihre Schwächen und Fehler bemerken und damit zur Zielscheibe für Kritik machen. Fehlt den Mitgliedern der Mut zur gegenseitigen Offenheit, müssen sie **„Machtspiele"** („power plays") einsetzen, um ihre Bedürfnisse und Vorstellungen zu verwirklichen. In Besprechungen wird dann z. B. stundenlang um den „heißen Brei geredet", Unstimmigkeiten zwischen den Mitgliedern werden hinter Fassaden der Höflichkeit sorgfältig versteckt und Probleme aller Art verschleiert. Diese Verhaltensweisen stellen ernsthafte Hindernisse für die Entfaltung eines konstruktiven Arbeitsklimas dar.

Gegenseitige Unterstützung

In effektiven Teams lässt sich beobachten, dass es für die Mitglieder eine Selbstverständlichkeit ist, sich gegenseitig zur Hand zu gehen, wenn die Sachlage das erfordert. Hat ein Mitglied Schwierigkeiten mit der Bewältigung der ihm zugeteilten Aufgabe, so wird nicht mit Vorwürfen, unwilliger Kritik und der verzweifelten Suche nach einem hilfsbereiten Freiwilligen Zeit vergeudet. Im Gegenteil, im Sinne des Strebens nach einem gemeinsamen Ziel ist Hilfe und Unterstützung für den Betroffenen ein Anliegen aller. Es wird gemeinsam erwogen, wer, wie und wann im Problemfall am besten Abhilfe schaffen kann. Voraussetzung dafür ist natürlich, dass die Mitglieder den Zusammenhang zwischen ihrer Tätigkeit und den Aufgaben der anderen Teammitglieder genau kennen und daher auch wissen, in welchem Maß sie mit ihren Kenntnissen und Fertigkeiten Hilfestellung leisten können.

Insofern hängt die hohe Leistungsfähigkeit eines Teams auch davon ab, inwieweit das Motto **„Einer für alle – alle für einen"** im Team praktiziert wird.

„Konstruktive Konkurrenz"

„Konkurrenz belebt das Geschäft", heißt es im betrieblichen Alltag. Dies gilt jedoch nur bedingt für Teams. Was zwischen zwei oder mehreren unterschiedlichen Teams vielleicht noch positiv erscheint, kann im Team selbst schnell ins Gegenteil umschlagen. Wie die praktische Erfahrung zeigt, gibt es eine direkte Korrelation zwischen Leistungsfähigkeit/Produktivität und Konkurrenzverhalten.

Mit steigender Konkurrenz steigt zunächst auch – erwartungsgemäß – die Leistungsbereitschaft bzw. Produktivität. Allerdings nur so lange, bis die Konkurrenz einen Grad erreicht hat, der für Zusammenarbeit kontraproduktiv wird. D. h. ab einem bestimmten Grad des Konkurrenz- und Rivalitätsverhaltens in Gruppen nimmt die Leistung des Einzelnen und der gesamten Gruppe ab, da die Auseinandersetzungen einen destruktiven Verlauf annehmen (Abb. 8).

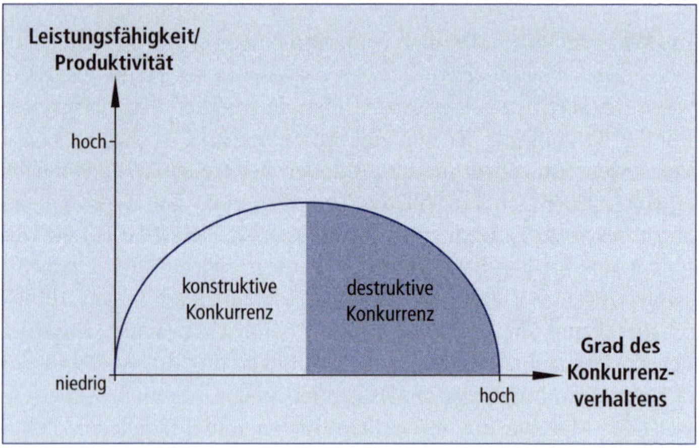

Abb. 8: Der Zusammenhang zwischen Leistungsfähigkeit bzw. Produktivität und Konkurrenzverhalten

Diese Erkenntnis belegen auch interessante Studien, in denen das Konkurrenzprinzip genauer überprüft wurde. Nach *Roese* (1987) zeigt eine Auswertung von 115 Forschungsberichten seit den fünfziger Jahren, dass innerbetrieblicher Wettbewerb und Konkurrenzdruck (unabhängig davon, ob zwischen Einzelnen oder Gruppen) im Vergleich zu einer kooperativen Vorgehensweise leistungsbeeinträchtigend wirken kann. Als Ergebnis definierten amerikanische Konkurrenzforscher folgende **drei typische Motivationsstrukturen in Arbeitsgruppen**:

(1) **„Konkurrenz – Jeder gegen jeden!"**
In einer Konkurrenzsituation kann jedes Gruppenmitglied seine Ziele nur auf Kosten der anderen verfolgen. Wer seinen Vorteil wahrnimmt, schädigt automatisch die anderen.

(2) **„Kooperation – Gemeinsam sind wir stärker!"**
Eine kooperative soziale Situation verknüpft die Ziele aller Gruppenmitglieder positiv miteinander, d. h. jeder kann nur dann seinen Vorteil erreichen, wenn er auch den anderen nützt und umgekehrt dient der Profit der anderen zugleich dem eigenen Wohl.

(3) **„Koexistenz – Jeder für sich!"**
Die individualistische Gruppe atomisiert die Einzelinteressen, so dass es auf das Wohlergehen des Einzelnen keinen Einfluss hat, ob ein anderer erfolgreich ist oder nicht.

Im Vergleich mit den individualistischen wie auch den konkurrenzbestimmten Gruppen schnitten die kooperativen Teams zumeist wesentlich besser ab. Interessant dabei war: je kleiner die Gruppe, desto deutlicher war die Überlegenheit der Kooperation gegenüber dem Konkurrenzprinzip. Letzteres erwies sich selbst dann noch als schädlich, als nicht Individuen, sondern ganze Gruppen gegeneinander konkurrierten. So erbrachten z. B. Arbeitsgruppen, wenn sie im Wettbewerb miteinander standen, wesentlich schlechtere Leistungen als kooperative Teams, die frei von Konkurrenzdruck arbeiteten. Als entscheidenden Faktor für dieses unterschiedliche Verhalten entdeckten die Forscher das jeweils vorhandene Belohnungssystem. Fördert es die kollegiale Zusammenarbeit, dann steigert es die Produktivität. Fördert es individuelle Gewinnmaximierung, wirkt es destruktiv für die Gruppenleistung. In der Psychologie ist dieses Prinzip auch unter dem Begriff der **„Gewinner-Gewinner-Strategie“** bekannt geworden.

Partizipation und Engagement

„Wie kann ich eine aktive und kontinuierliche Mitarbeit aller sicherstellen?“, ist eine weitere häufige Frage von Praktikern. Eine Möglichkeit liegt in der richtigen Teammischung in Bezug auf Fähigkeiten und Talente der Einzelnen. Dieser Vorteil eines Teams gegenüber „Einzelkämpfern“ kommt jedoch nur dann voll zum Tragen, wenn ausnahmslos alle Mitglieder aktiv beteiligt sind. Am Beispiel einer Teambesprechung soll der Zusammenhang näher erläutert werden. Damit sie erfolgreich verläuft, muss im Einzelnen dafür gesorgt sein, dass

- alle Mitglieder zu Wort kommen und auch allen aufmerksam zugehört wird,
- Besprechungen nicht von wenigen dominierenden und wortgewandten Mitgliedern einseitig bestimmt werden,
- die Mitglieder einander ausreden lassen und nicht mehrere gleichzeitig sprechen,
- alle Mitglieder sich gleichermaßen auf Besprechungen vorbereiten und dann ganz bei der Sache sind,
- Mitglieder, die in ihren Beiträgen zu Langatmigkeit und Wiederholungen neigen, in ihrem Redefluss gebremst werden, damit sie bei den Zuhörern nicht Langeweile und damit Unaufmerksamkeit auslösen können,
- die Beteiligung aller durch ausreichende Kompromissfähigkeit der einzelnen Mitglieder unterstützt wird und
- gute Ideen sofort festgehalten und visualisiert werden, weil sonst, besonders wenn sie von weniger dominanten Mitgliedern geäußert wurden, die Gefahr besteht, dass sie zu geringe Beachtung finden und dann im Eifer des Gefechtes unter den Tisch fallen.

Die Realisierung dieser Grundregeln schafft den geeigneten Boden zur Entwicklung des Gefühls: „Wir sitzen alle in einem Boot!“. Es bewirkt, dass die Teamszene nicht länger von wenigen „Machern“ und einer Mehrzahl von Mitläufern bestimmt wird, sondern sich ausnahmslos alle aktiv am Geschehen beteiligen.

Gegenseitiges Interesse, Vertrauen und Akzeptanz

Ein weiteres Merkmal erfolgreicher Teams ist, dass der Vorteil, der aus der Vielfalt der Talente resultiert, allen Mitgliedern voll bewusst ist und von allen akzeptiert wird. Die einzelnen Mitglieder halten es daher für notwendig und interessant zu wissen, welche Aufgaben die anderen zu erfüllen haben und welche Kenntnisse und Fertigkeiten sie dazu brauchen. Im Gegensatz zu weniger gut funktionierenden Arbeitsgruppen gibt es keine Außenseiter, so dass jeder die Anstrengungen und Beiträge des anderen respektiert und ihnen entsprechende Wertschätzung entgegenbringt. Diese gegenseitige Beachtung und Anerkennung mobilisiert in jedem Beteiligten zusätzliche Energien und trägt so maßgeblich zur Steigerung der Effizienz der Zusammenarbeit bei.

Ist allerdings kein ausreichendes Vertrauensverhältnis zwischen den Mitarbeitern vorhanden, wird der Einzelne aus Angst um den Verlust seiner Position wenig Kooperationsbereitschaft zeigen. Er wird eifersüchtig darauf bedacht sein, dass er sich ein Fähigkeiten-Monopol und ein ihm allein zustehendes Arbeitsgebiet sichert. Die Kommunikation und Interaktion mit den anderen Mitarbeitern wird er einschränken, weil er in der Teilung des Arbeitsflusses und der Vereinigung der Fähigkeiten aller eine Bedrohung seiner eigenen beruflichen Existenz sieht. Besteht jedoch ein ausgeprägtes Vertrauen der Mitglieder zueinander, wird keiner befürchten, dass von anderen „an seinem Stuhl gesägt wird“. Das Verhältnis der Mitglieder ist durch Offenheit, Kooperation und Übereinstimmung für Teilung von Arbeitslasten und Aufgabengebieten gekennzeichnet. Es wird von allen ohne Neid und Existenzangst nach dem Grundsatz gehandelt: „Jeder ist auf seinem Gebiet der Experte. – Doch nur gemeinsam sind wir stark!“

Eine besondere Herausforderung ist es dabei zu lernen, mit den charakterlichen und **verhaltensbezogenen Besonderheiten** („Marotten“ oder „Ticks“) der Kollegen zurechtzukommen. Was die Verhaltensgewohnheiten und Denkweisen der Einzelnen anbelangt, dürfen Mitglieder weder urteilen noch verurteilen, sonst besteht die Gefahr, dass diejenigen, die in Verhalten, Denken oder auch nur Äußerem nicht den Erwartungen der Mehrzahl der Gruppenmitglieder entsprechen, von den Teamaktivitäten ausgeschlossen werden und damit ihr Wissen ungenutzt bleibt. Allen Beteiligten muss die Tatsache bewusst sein, dass **„Anders-Sein“ nicht „Schlechter-Sein“ bedeutet**. Wird nicht von allen gegenseitige Rücksicht und Toleranz gegenüber den unterschiedlichen Neigungen und Abneigungen, Stärken, Schwächen und Potentialen geübt, verpufft wertvolle Energie der Gruppe beim Austragen vermeidbarer Konflikte. Kurz gesagt: **„Vielfalt in der Einheit“** muss erwünscht sein!

Übernahme von Verantwortung

Die Mitglieder von Spitzenteams erkennen die Notwendigkeit an, in bestimmtem Ausmaß im Rahmen der Projektarbeit eigene und gemeinsame Verantwortung zu tragen. Sie sträuben sich nicht, für die Erledigung ihrer Aufgaben im vereinbarten Zeitraum oder für die Weitergabe wichtiger Informationen einzustehen. Zeigen die Mitarbeiter des Teams keine Bereitschaft, gewisse Verantwortung zu tragen, kann dies viele Gründe haben, z. B.:

- Sie fühlen sich mit ihren Aufgaben überfordert.
- Sie können sich mit dem Teamziel nicht identifizieren und empfinden dadurch ihre Arbeit unter Umständen als wenig sinnvoll.
- Sie sind mit der Verteilung der Aufgaben nicht einverstanden.
- Sie glauben nur an die eigenen Fähigkeiten und kaum an die Kenntnisse und Zuverlässigkeit ihrer Kollegen usw.

In einem Team, in dem die „Chemie“ stimmt, macht die Übertragung von Verantwortung keine umständliche Prozedur notwendig, sondern ist eine Selbstverständlichkeit.

„Konstruktive Unzufriedenheit"

Ein Team, das keine Herausforderung erkennt, das zu wenig Resultate erzielt, dessen „Output" nicht dem Aufwand entspricht, verliert Motivation und damit die Fähigkeit, gemeinsam, offen und selbstkritisch die eigene Situation zu analysieren, Ursachen zu diagnostizieren und in Korrekturen umzusetzen. Bleibt der Erfolg länger aus, beginnen Selbstzweifel. Fragen nach der Existenzberechtigung und ein Gefühl der „Leere" breiten sich unterschwellig aus. Mit der Zeit beginnen die Mitglieder also entweder an der Sinnhaftigkeit oder an der Machbarkeit ihrer Aufgabe zu zweifeln. Dieses Gefühl lähmt jede Initiative, jedes Streben nach „Höherem". „Konstruktive Unzufriedenheit" heißt das Gegenmittel, das den Motor für neues, besseres und qualitativ höherwertiges Schaffen und Kreativität darstellt.

Dabei gibt es im Wesentlichen zwei unterschiedliche Stoßrichtungen: Die eine ist das Streben eines Teams nach **„Innovationen"**, d. h. im Allgemeinen nach größeren Entwicklungssprüngen und „fundamental Neuem". Die andere ist die Idee der **„stetigen Verbesserung** in kleinen Schritten", die japanisch auch **„Kaizen"** genannt wird (Abb. 9). Entwickelt wurde dieses Modell urspünglich von *Deming* (1985) und im Westen ist es unter dem Begriff „Deming-Wheel" bekannt geworden.

Beide Aspekte sind wichtig, allerdings ist der „Kaizen"-Gedanke eine Grundhaltung, die für ein Team von besonderer Bedeutung ist. Denn: In der täglichen Praxis geht es seltener um Aufgaben, die eine „bahnbrechende Innovation" darstellen, sondern meistens ist konsequentes, hartnäckiges und zuverlässiges Streben nach stetiger Verbesserung bereits bestehender Verfahren oder Lösungen gefragt.

Dieses Grundgefühl der konstruktiven Unzufriedenheit stellt auch sicher, dass im gemeinsamen Zusammenspiel immer wieder neue Ideen und Lösungen kreiert werden, überschaubare Risiken eingegangen werden und das Interesse für Anregungen und Unterstützung von außen erhalten bleibt.

„Klima"

Das Klima in einem Team kann als gut bezeichnet werden, wenn der Umgang und die Zusammenarbeit der Mitglieder von Freundschaftlichkeit, Harmonie, Freude und Zufriedenheit geprägt sind. Innerhalb eines Teams herrscht eine gelockerte Atmosphäre, die Raum lässt für Gespräche und Späße unter den Mitarbeitern. Die Arbeit geht den Einzelnen fast spielerisch von der Hand, weil sie sich im Team wohl fühlen. Die Teammitglieder haben es gelernt, Rücksicht aufeinander zu nehmen und Feindseligkeiten, Konkurrenzdenken und Aggressionen zu bewältigen bzw. aus dem Teamalltag zu verbannen. Der Zusammenarbeit fehlt es weder an Systematik und Methodik noch an Flexibilität und Zielgerichtetheit. Ein Klima dieser Art gewährleistet beste Bedingungen zur Entfaltung von Kreativität, Produktivität und Risikobereitschaft aller Beteiligten (Abb. 9).

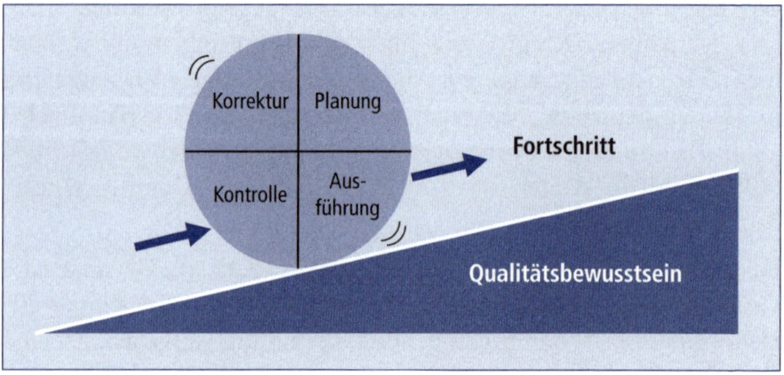

Abb. 9: „Deming Wheel" zur Qualitätsverbesserung (nach *Deming* 1985)

Effizienz, Dynamik und „Teamgeist"

- **Effizienz**: Im optimal kooperierenden Team gilt für seine Leistung, dass es durch das Zusammenwirken aller Mitglieder bessere Ergebnisse erzielt als die Summe aller Einzelleistungen zusammen erbringen würde. Mit anderen Worten gilt hier die **synergetische**

Formel „2+2=5“. Die Mitglieder ergänzen sich in ihren Kenntnissen und Fähigkeiten so gut, dass sie mit vereinten Kräften ein Produkt schaffen können, das in Qualität und Perfektion das eines einzelnen Spezialisten bei weitem übertrifft. Zusätzlich sind Doppelarbeiten und Blindleistung auf ein Minimum reduziert und die Arbeitsabläufe bzw. -prozesse werden ständig auf Effizienz und Angemessenheit hinterfragt und optimiert.

- **Dynamik**: Machen die Teammitglieder die Erfahrung, dass das Team in seiner Formation größere Leistungsfähigkeit besitzt als sich aus der Summe der Einzelnen ergibt, entsteht ein alle verbindendes „Teambewusstsein“. Einerseits regt dieses die Teammitglieder an, sich gegenseitig durch Anerkennung und Lob positiv zu verstärken, und andererseits sorgt es dafür, dass sie sich bei Fehlern gegenseitig korrigieren, um das gemeinsame Ziel zu erreichen. Es besteht mit anderen Worten unter den Mitgliedern ein ausgewogenes Verhältnis zwischen positiven und negativen Rückmeldungen.

  Darüber hinaus verstehen es die Mitglieder, sich in ihren Stärken und Schwächen balancierend zu ergänzen und sich einander in problembeladenen Phasen dementsprechend Mut zuzusprechen. So spornen sie sich permanent gegenseitig an und gewinnen laufend an Kraft und Freude für ihre Arbeit.

- **„Teamgeist“**: Er ist Ausdruck dafür, wie sehr sich das einzelne Mitglied mit dem Team und dem gemeinsam gestellten Arbeitsauftrag identifiziert. Haben die Mitglieder zueinander und zum Teamziel einen entsprechend „heißen Draht“, so wirkt sich das mehr als positiv auf die Kooperation aus. „Teamgeist“ ist allerdings nichts, was ein Team von Anfang an hat oder nicht hat und sich im ersteren Fall dann stabil erhält, sondern er muss wachsen und festigt sich erst im Laufe der Entwicklung eines Teams. Erfahrungsgemäß steht er mit der Förderung der Teambildung in einem zirkulären Zusammenhang: eine positive Einstellung der Mitglieder einer Arbeitsgruppe zueinander und zum gemeinsamen Ziel begünstigt die Weiterentwicklung der Arbeitsgruppe von einer bloßen Zweckgemeinschaft zum echten Team und beeinflusst alle Phasen in seinem Leben vorteilhaft.

2.3 Teamdesign – Die Mischung macht's

Jeder gute Fußballtrainer weiß, dass er für eine siegreiche Mannschaft motivierte und entsprechend versierte Spieler braucht. Mit einem Team ist es nicht anders!

Die Kompetenz des Teams resultiert aus den individuellen Kompetenzen der Teammitglieder. Deshalb bedeutet eine gezielte Auswahl der Mitarbeiter für Teamarbeit anhand der Teamaufgabe ein konkretes Anforderungsprofil für **Fachwissen und Lernbereitschaft, Selbstorganisation, Beziehungspflege** und **Persönlichkeit** zu erstellen und dann unter Zuhilfenahme geeigneter Instrumente (wie z. B. dem Teammanagementkreis) die zur Verfügung stehenden Mitarbeiter entsprechend einzusetzen.

Fachwissen und Lernbereitschaft

Je größer das Repertoire jedes einzelnen Teammitglieds an fachlichen Kenntnissen und Fertigkeiten, desto weniger muss „nachgeschult" werden. Erfahrungsgemäß muss im Team eine hohe „Lerndynamik" erzeugt werden, was die Fähigkeit und Bereitschaft zur fachlichen Weiterqualifizierung anbelangt. Die notwendige Zielsetzung ist häufig, das Fachwissen jedes einzelnen Teammitgliedes zugleich zu verbreitern und zu vertiefen.

Dies ist deshalb erforderlich, weil einerseits jedes einzelne Teammitglied über das notwendige Spezialwissen und die fachbezogenen Fertigkeiten verfügen muss, die es zur korrekten Erledigung der ihm übertragenen Einzelaufgaben braucht. Es muss für die vielfältigen Arbeitsanforderungen seines Zuständigkeitsbereiches fachlich optimal qualifiziert sein, sei es in Bezug auf die Bedienung erforderlicher Geräte und Maschinen, die Entwicklung von speziellen Problemlösungen oder die rasche, rationelle Erledigung von Routinearbeiten.

Checkliste I zur Teamdiagnose:		Die „harten Faktoren"
Schätzen Sie die Situation in Ihrem Team ein, indem Sie für folgende Leitfragen die entsprechende Punktzahl vergeben:		**1 = nein, überhaupt nicht** **2 = wenig, kaum merklich** **3 = teils, teils** **4 = ziemlich, weitgehend** **5 = ja, voll und ganz**
A.	**„Vision":**	
(1)	Gibt es eine alle faszinierende „Vision"?	
(2)	Weckt die Aufgabenstellung den Ehrgeiz der Mitglieder?	
B.	**Allseitige Kommunikation und Interaktion:**	
(1)	Wird die Art des Umgangs miteinander offen thematisiert?	
(2)	Werden Meinungsverschiedenheiten als Bereicherung betrachtet?	
(3)	Wird ein offener, schneller Informationsfluss gepflegt?	
(4)	Wird über das Selbst- und Fremdbild der Mitglieder regelmäßig diskutiert?	
(5)	Gibt es Außenseiter oder „Sündenböcke" im Team?	
C.	**Sachliche und emotionale Offenheit:**	
(1)	Werden Probleme offen angesprochen und schnell gelöst?	
(2)	Finden „Machtspiele" statt?	
(3)	Hat jedes Teammitglied seine Position im Team finden können?	
D.	**Gegenseitige Unterstützung:**	
(1)	Finden sich leicht Freiwillige für gestellte Aufgaben?	
(2)	Gilt das Motto: „Einer für alle – alle für einen"?	
E.	**„Konstruktive Konkurrenz":**	
(1)	Bestimmt ein kooperatives Denken das Teamgeschehen?	
(2)	Herrscht konstruktiver Wettbewerb im Team?	
F.	**Partizipation und Engagement:**	
(1)	Ist jeder mit seiner Aufgabe voll zufrieden?	
(2)	Vertrauen die Mitglieder auf die Kompetenz und Zuverlässigkeit ihrer Kollegen?	
G.	**Gegenseitiges Interesse, Vertrauen und Akzeptanz:**	
(1)	Werden Unterschiede in Aufgabenstellung und Verhalten respektiert?	
(2)	Tolerieren alle in Grenzen die „Marotten", Vorlieben und Besonderheiten der anderen?	

Checkliste I zur Teamdiagnose:	Die „harten Faktoren"	
H.	**Übernahme von Verantwortung:**	
(1)	Gibt es eine „Besprechungskultur", bei der alle gleichwertig zu Wort kommen?	
(2)	Sind stets alle bei den Teamsitzungen gut vorbereitet?	
(3)	Werden Ergebnisse visuell festgehalten, umgesetzt und kontrolliert?	
I.	**„Konstruktive Unzufriedenheit":**	
(1)	Gibt es ein ausgeprägtes Streben nach Innovation und stetiger Verbesserung?	
(2)	Werden immer wieder neue Ideen kreiert, bewertet und umgesetzt?	
J.	**„Klima":**	
(1)	Ist der Umgang durch Humor, Freundschaftlichkeit und Risikobereitschaft geprägt?	
K.	**Effizienz, Dynamik und „Teamgeist":**	
(1)	Gibt es einen „Synergie-Effekt" durch das Zusammenwirken der Einzelnen?	
(2)	Gibt es gezielte gegenseitige Rückmeldungen?	
(3)	Ist für alle „Teamgeist" spürbar?	
	Summe	

Zählen Sie Ihre Punktzahl zusammen:	
26–52 =	Der Erfolg Ihres Teams ist sehr gefährdet – tun Sie etwas!
53–91 =	Ihr Team hat noch deutliche Potentiale. Analysieren Sie die Schwachstellen und erarbeiten Sie gemeinsam einen Aktionsplan!
92–130 =	Ihr Team hat eine gute Basis für den gemeinsamen Erfolg – aber bleiben Sie wachsam!

Andererseits müssen die Teammitglieder, zumindest weitgehend, auch fachliche Kompetenz besitzen, was die Tätigkeiten der Teamkollegen anbelangt. Denn: Die Bewältigung komplexer Problemlösungen erfordert den Einsatz der geistigen Ressourcen aller, auch in dem Sinn, dass die Teammitglieder einander in fachlichen Fragen helfen können. Außerdem sollten im Idealfall in einem Team alle Aufgaben von allen beherrscht werden, damit das Team auch in schwierigen, unvorhergesehenen Situationen (z. B. Personalausfall, einseitig belastende Auftragslage) handlungsfähig bleibt.

Selbstorganisation

Über rein fachliche Kenntnisse und Fertigkeiten hinaus fordert Teamarbeit von jedem Teammitglied organisatorisches Geschick, was den Einsatz der eigenen Ressourcen anbelangt. Jedes Teammitglied muss die Fähigkeit aufbauen zu **sinnvoller Zeiteinteilung, effektivem, rationellem Arbeiten und Selbstmotivation.** Der Erfolg des ganzen Teams ist davon abhängig, dass die einzelnen Teammitglieder die Arbeitspakete, die in ihren Zuständigkeitsbereich fallen, systematisch, rationell, termingerecht und effektiv abarbeiten. Hierzu muss jedes einzelne Teammitglied über grundlegende Kenntnisse über Zeitmanagement, Arbeitsmethodik und Prioritätensetzung verfügen. Darüber hinaus muss jedes Teammitglied in gewissem Maße fähig sein, sich selbst zu motivieren. Gerade die Erledigung von Routinearbeiten erfordert manchmal, dass die Teammitglieder selbst Tricks kennen, wie sie sicherstellen können, dass sie diese Arbeit genauso sorgfältig erledigen wie die interessanten Arbeiten und sie nicht auf die lange Bank schieben.

Beziehungspflege

Das Klima in einem Team ist von Entspanntheit, Offenheit, Vertrauen und Spaß an der Arbeit geprägt. Diese positive Atmosphäre resultiert vor allem auch daraus, dass die Teammitglieder harmonische Beziehungen zueinander pflegen. Auf der Beziehungsebene kann es in einem Team aber nur stimmen, wenn alle Teammitglieder gleichermaßen zum konstruktiven Umgang miteinander fähig sind. Das setzt bei jedem einzelnen Teammitglied voraus, dass es allgemein gesprächs- und beziehungsfördernde Verhaltensweisen zeigt, wie:

- **aufmerksam hinhören:** In Diskussionen, Teambesprechungen und sonstigen Gesprächen hören die Teamkollegen einander aufmerksam zu. Jeder konzentriert sich voll auf die Aussagen des Sprechers, ohne gleichzeitig bereits über die eigenen Erwiderungen nachzudenken. Alle Teammitglieder vermeiden es, den Sprecher zu unterbrechen, und sie lenken einander auch nicht durch Zwischenbemerkungen oder Nebengespräche ab. Sinn und Zweck aufmerksamen Hinhörens ist u. a. sicherzustellen, dass Nachrichten vollständig übermittelt werden und so Missverständnissen vorgebeugt wird.

- **offenes Feedback geben und nehmen:** Die Teammitglieder können einander, wenn es die Situation erfordert, gegenseitig sachlich und korrekt Rückmeldung geben über die Wirkung ihres Verhaltens auf die anderen. Geben und Nehmen von Feedback verhilft jedem Teammitglied zu einer besseren Orientierung im sozialen Arbeitsumfeld „Team", indem es die Verkleinerung der Diskrepanz zwischen Selbst- und Fremdwahrnehmung fördert.
- **Ich-Botschaften senden:** Jedes Teammitglied vertritt in seinen Aussagen nur sich selbst und vermeidet voreilige Interpretationen der Aussagen oder Verhaltensweisen anderer. Es sendet Ich-Botschaften und spricht nicht per „man" oder „es", wenn es um seine eigenen Belange geht. Das bietet den Vorteil, dass der Zuhörer weiß, woran er beim Sprecher ist, weil dieser konkret etwas über seine eigenen Gedanken und Gefühle aussagt. Ich-Botschaften machen den Sprecher für den Zuhörer deshalb „berechenbarer" und dadurch auch vertrauenswürdiger.
- **konstruktive Kritik üben und annehmen:** Jedes Teammitglied kritisiert grundsätzlich, ohne den Teamkollegen dabei persönlich anzugreifen – Kritik wird nur an der Sache geübt, nie an der Person. Außerdem wird jegliche Kritik möglichst positiv formuliert, so dass sie in erster Linie aufbauend wirkt. Darüber hinaus kann nicht nur jedes Teammitglied konstruktiv kritisieren, sondern ist auch fähig, selbst sachliche Kritik als eine Chance zur Verbesserung anzunehmen, ohne sich persönlich verletzt zu fühlen.
- **sich selbst behaupten:** Damit der Leistungsvorteil von Teamarbeit gegenüber Einzelarbeit zum Tragen kommen kann, muss jedes Teammitglied sein Potential voll einbringen und sich gleichzeitig gegenüber den Erwartungen seiner Teamkollegen klar abgrenzen können. Dazu muss jedes Teammitglied seinen eigenen Standpunkt sicher vertreten können, wenn es von seiner Richtigkeit und Berechtigung überzeugt ist. Es muss in Teambe-

sprechungen Argumentationskraft beweisen, damit seinen Belangen Beachtung geschenkt wird. Außerdem muss es zum richtigen Zeitpunkt „Nein“ sagen können, weil sich andernfalls Konflikte aus Überforderung und Überlastung ergeben können. Selbstbehauptung im Team heißt also auch, die eigene Leistungsfähigkeit und das persönliche Arbeitspensum einschätzen können und die Übernahme von Aufgaben dieser Einschätzung so weit wie möglich anzupassen. Die Fähigkeit zur Selbstbehauptung braucht jedoch, damit sie keine „seltsamen Blüten treibt“, Ergänzung durch Sensibilität, Empathie und Kompromissbereitschaft.

- **sensibel sein:** Jedes Teammitglied bemüht sich um Sensibilität für die „Feinheiten“ zwischenmenschlicher Kommunikation und Interaktion. Es versucht auch zu erfassen, was „zwischen den Zeilen“ der Äußerungen und Verhaltensweisen seiner Teamkollegen steht. Es beachtet neben der verbalen Aussage auch nonverbale Signale wie z. B. Körperhaltung, Gestik und Mimik. Diese Art von Feinfühligkeit im Umgang mit den Teamkollegen macht erst situativ gut angepasstes Verhalten möglich.
- **einfühlsam sein:** Jedes Teammitglied versucht, sich in seine Teamkollegen einzufühlen, indem es sich in deren Situation hineinversetzt und deren Verhalten aus dieser Perspektive erlebt und betrachtet. Es kann also zeitweise von den eigenen Erwartungen und Wünschen Abstand nehmen, um für neue Perspektiven offen zu werden. Es nimmt den Standpunkt der anderen an und lässt ihn als solchen gelten, ohne ihn an den eigenen Maßstäben zu messen und zu werten. Empathievermögen verhindert, dass die Teammitglieder, aufgrund der persönlichen Erwartungshaltung, das Verhalten des Teamkollegen losgelöst von den Umständen und der Persönlichkeit des anderen an den eigenen Maßstäben messen und beurteilen.
- **tolerant sein:** Jedes Teammitglied bemüht sich, seine Teamkollegen in ihrer Individualität anzunehmen und ihnen Wertschätzung entgegenzubringen. Gegensätze werden nicht als störend, sondern als interessant und anregend empfunden. Wenn jedes Teammitglied tolerant ist, d. h. auch Meinungsunterschiede res-

pektiert werden und „Querdenken" erwünscht ist, liegen beste Voraussetzung für optimale Kreativität aller Teammitglieder vor. Neue Ideen werden dann nie von vornherein abgewiesen, sondern grundsätzlich zuerst auf ihren Nutzen hin diskutiert.

- **aufrichtig sein:** Jedes Teammitglied steht in vernünftigem Maße offen zu seinen Gefühlen, Bedürfnissen, Zielen und Wünschen und vertritt diese auch klar. Sachliche und emotionale Offenheit dieser Art sorgt dafür, dass die Teammitglieder mehr voneinander erfahren und sich persönlich näher kommen. Die Teammitglieder lernen einander einzuschätzen und können auf dieser Basis ein ausgeprägtes Vertrauensverhältnis zueinander aufbauen.
- **flexibel sein:** Enge Zusammenarbeit mehrerer Menschen erfordert von den Beteiligten immer große Beweglichkeit in ihren Denk- und Verhaltensmustern. Denn: Kooperation kann nur funktionieren, wo eine ausgeprägte Bereitschaft zur raschen Anpassung an die jeweiligen Erfordernisse der Situation vorliegt. Im Team muss jedes Teammitglied ständig neuen, auch ungewöhnlichen Ideen und Problemlösungen gegenüber aufgeschlossen sein. Die Überzeugung vom eigenen Standpunkt darf nicht blind machen, sondern jedes Teammitglied muss offen bleiben für die Argumente anderer, deren Gültigkeit kritisch überprüfen und den eigenen Standpunkt neu überdenken.
- **kompromissbereit sein:** Die Teammitglieder sind prinzipiell zu sozialem Interessenausgleich bereit und fähig. Sie respektieren gegenseitig ihre Wünsche und Bedürfnisse und bemühen sich darum, diese aufeinander abzustimmen. Jedes Teammitglied berücksichtigt die Lage und die Ziele seiner Teamkollegen und versucht nicht, seine eigenen Interessen um jeden Preis durchzusetzen.
- **verantwortungsbewusst sein:** Den Mitgliedern von Teams ist die Übernahme von Verantwortung kein Greuel, sondern Selbstverständlichkeit. Es wird als Notwendigkeit und Herausforderung gesehen, ein gewisses Maß an Verantwortung zu tragen im Rahmen des Teamauftrages. Kein Teammitglied sträubt sich, für die planmäßige und termingerechte Erledigung seiner Aufgaben oder für die Weitergabe wichtiger Informationen einzustehen.

- **hilfsbereit sein:** In einem Team greifen die Mitglieder sich jederzeit gegenseitig unter die Arme, wenn „Not am Mann" ist. Hilfsbereitschaft ist selbstverständlich, Ausreden wie „selbst genügend am Hut zu haben" werden nicht akzeptiert. Dazu gehört allerdings bei jedem Teammitglied außer einer Portion guten Willens auch ein gewisser Elan.

Die genannten allgemein gesprächs- und beziehungsfördernden Verhaltensweisen gehören nicht unbedingt zum „Standardrepertoire" im Arbeitsleben. Sie lassen sich aber **lernen und trainieren**. Soll Teamarbeit keine „halbe Sache" bleiben, ist es deshalb notwendig, dass für alle Teammitglieder, nicht nur für die Teamleiter, wie das in der Praxis häufig der Fall ist, entsprechende Qualifizierungsmaßnahmen durchgeführt werden.

Persönlichkeit

Das Bild des idealen Teammitgliedes mit fachlicher, organisatorischer und sozial-kommunikativer Kompetenz ergänzt sich um eine vierte Dimension – eine Art **„persönliche Eignung" zur Mitarbeit in einem Team**. Unter der „persönlichen Eignung" sei hier dreierlei gefasst: die **allgemeine Lebenseinstellung**, das **Menschenbild** und das Selbstwertgefühl eines Menschen.

- **Lebenseinstellung:** Menschen unterscheiden sich darin, in welchem Ausmaß sie agieren oder reagieren.
  Der **aktiv-gestaltende Typ** nimmt am liebsten alles so weit wie möglich selbst in die Hand, neigt dazu, rasch und beherzt die Initiative zu ergreifen, sobald die Sachlage es erfordert, und gestaltet sein Leben beruflich und privat aktiv nach eigenen Vorstellungen selbst.
  Der **passiv-annehmende Typ** wartet eher ab, was auf ihn zukommt, versucht dann das Beste daraus zu machen, hält sich in Entscheidungssituationen eher zurück, bis ein anderer die Sache in die Hand nimmt, und steht auch dem Verlauf seines privaten und beruflichen Lebens passiv abwartend gegenüber.
  Aktiv agierende Menschen sind insofern für Teamarbeit geeigneter, als Teamerfolg von Einsatzbereitschaft, Handlungsfreude

und Kreativität der Teammitglieder lebt. Für passiv reagierende Menschen kann das Teamleben in Bezug auf die verlangte Initiative zu stark herausfordernd und dadurch belastend sein.

- **Menschenbild:** Hier lässt sich trennen zwischen Menschen, die aufgrund individueller Lebenserfahrungen ihren Mitmenschen gegenüber eher positiv oder eher negativ eingestellt sind.
  Positive bringen ihren Teamkollegen Vertrauen entgegen und haben ihnen gegenüber prinzipiell positive Erwartungen. Sie assoziieren mit dem Begriff „zwischenmenschliche Beziehung" in erster Linie **„Kooperation"**. Aus dieser Einstellung resultieren Verhaltensweisen, die einen partnerschaftlichen Umgang zwischen den Teammitgliedern fördern. Der Positive versucht das Klima im Team so zu gestalten, dass durch gegenseitiges Teilen und Unterstützen alle Beteiligten profitieren.
  Negative stehen grundsätzlich allen Teamkollegen mit Misstrauen gegenüber und erwarten in erster Linie Negatives von deren Seite. Sie setzen den Begriff „zwischenmenschliche Beziehung" weitgehend mit **„Konkurrenz"** gleich. Der Teamkollege wird als Konkurrent verstanden, den es zu übertreffen, gegebenenfalls auszuschalten gilt, um den eigenen Nutzen und die eigenen Vorteile zu sichern. Der Negative fördert im Team ein Klima, das durch ein Gegeneinander und ein „Gewinner-Sieger-Denken" geprägt ist. Eine positive Haltung, und damit die Freude am Umgang mit anderen Menschen, ist jedoch untrennbar mit dem Begriff „Teamarbeit" verbunden. Die positive Einstellung zu den Teamkollegen ist die Basis für gegenseitiges Vertrauen. Dieses wiederum macht erst Offenheit und Aufrichtigkeit im Teamleben möglich.

- **Selbstwertgefühl:** Hier lassen sich Menschen grob in solche mit einem „gesunden" Selbstwertgefühl und solche mit einem eher geringen oder übersteigerten Selbstwertgefühl gruppieren.
  Ein gesundes Maß an Selbstwertgefühl braucht ein Teammitglied, um sich im Team behaupten zu können und Mut zur Offenheit gegenüber seinen Teamkollegen aufzubringen. Es drückt sich in einem Gesprächsstil nach dem Motto „ich bin o. k. – du bist es auch" aus. Menschen mit einem gesunden Selbstwertge-

fühl sind sich ihrer selbst sicher, scheuen sich nicht, offen zu ihren Interessen und auch Emotionen zu stehen, und können anderen durch transparentes und berechenbares Verhalten eine klare Orientierung bieten.
Dagegen besteht bei Menschen mit einem sehr geringen Selbstwertgefühl die Schwierigkeit, dass sie ihre Meinungen und Empfindungen verbergen, weil sie glauben, diese seien für die anderen nicht akzeptabel und würden ihnen daher nur Spott und Geringschätzung einbringen. Sie versuchen dann auf „indirektem" Wege ihre Interessen zu verwirklichen. Diese Strategie macht die Verhaltensweisen solcher Teammitglieder für die Teamkollegen aber sehr undurchsichtig und wenig berechenbar.
Doch auch Teammitglieder mit einem Übermaß an Selbstwertgefühl tun dem Klima im Team nicht gut. Denn: Sie neigen dazu, sich selbst gegenüber den Teamkollegen viel zu wichtig zu nehmen. Ihr Verhalten ist von dem Motto „ich bin o. k. – du bist nicht o. k." geprägt, und sie versuchen ständig zu dominieren. Sie neigen dazu, andere einzuschüchtern, und setzen alles daran, die eigenen Interessen zu realisieren.

Aus dieser Perspektive stellen sowohl Teammitglieder mit einem zu geringen Selbstwertgefühl als auch solche mit einem übersteigerten Selbstwertgefühl ernsthafte „Hindernisse" für die Entfaltung eines konstruktiven Teamklimas dar.

Auf den Punkt gebracht, stellt sich der Zusammenhang zwischen der Lebenseinstellung, dem Menschenbild und dem Selbstwertgefühl eines Teammitgliedes und seiner persönlichen Eignung für Teamarbeit folgendermaßen dar:

- Eine **aktiv-gestaltende Lebenseinstellung** geht tendenziell mit einer größeren Bereitschaft zur Übernahme von Verantwortung, und Ergreifung von Initiative einher als eine passiv-annehmende Lebenseinstellung.
- Ein **positives Menschenbild** ist in stärkerem Maße mit der Fähigkeit zur aktiven und freiwilligen Unterstützung anderer Teammitglieder, Empathie, Toleranz und Kompromissbereitschaft kombiniert als ein negatives Menschenbild.

- Ein **gesundes Selbstwertgefühl** geht eher mit Aufrichtigkeit, Offenheit und Kritikfähigkeit in Bezug auf Kommunikation und Interaktion Hand in Hand als ein zu geringes oder übersteigertes Selbstwertgefühl.

Da Lebenseinstellung, Menschenbild und Selbstwertgefühl sowohl aus genetischer Disposition als auch aus Sozialisationsein-flüssen und individuellen Lebenserfahrungen resultieren, sind sie z. T. so tief in der Persönlichkeit verankert, dass sie nur bedingt durch Qualifizierungs- und Trainingsmaßnahmen modifizierbar sind. Deshalb müssen die Teammitglieder in diesen drei Bereichen bereits eine „teamfreundliche" Grundtendenz mitbringen, sonst kann es sein, dass trotz intensiver Qualifizierungs- und Trainingsmaßnahmen diese Arbeitsform nicht die erwünschten Früchte trägt.

Hilfsmittel zur Auswahl der Teammitglieder

Da Teams in den meisten Fällen gegründet werden, um für Probleme komplexer Art passende Lösungen zu erarbeiten, ergeben sich eine Reihe verschiedener Aufgaben und Funktionen. Dementsprechend müssen in einem Team auch eine Vielfalt verschiedener Arbeitsstile und -präferenzen sowie Denk- und Verhaltensstile vertreten sein.

Da dem Team mit jedem Mitglied, das nicht optimal mit seinen Fähigkeiten eingebunden ist, wichtige Energien verloren gehen, ist es ratsam, Teambildung systematisch zu betreiben unter Zuhilfenahme geeigneter Instrumente. Als ein solches sei an dieser Stelle beispielhaft das **„Team-Management-Wheel"** der beiden englischen Wissenschaftler *C. Margerison* und *D. Mc Cann* näher erläutert (Abb. 10). Es gründet im Wesentlichen auf den Theorien des Schweizer Psychologen *C. G. Jung*. Demnach unterscheiden sich Menschen grundsätzlich in ihrem Verhalten in folgenden vier Bereichen (*Weber* 1990, S. 54):

- introvertiertes oder extrovertiertes Verhalten in zwischenmenschlichen Beziehungen,
- praktisches oder kreatives Vorgehen bei der Informationsbeschaffung und -verarbeitung,

- analytische oder intuitive Entscheidungsfindung und
- strukturierte oder flexible Selbst- und Arbeitsorganisation.

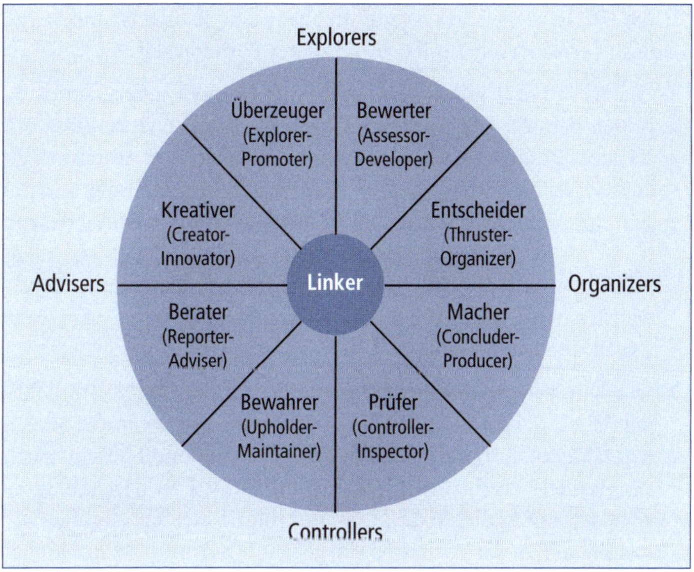

Abb. 10: Der Teammanagementkreis von *Margerison* und *Mc Cann* (1990)

Die Forschungsergebnisse des Schweizer Psychologen zeigen, dass es sich bei diesen Neigungen größtenteils um angeborene Persönlichkeitsmerkmale handelt, die sich mit ebenso unterschiedlichen Talenten und Ausbildungswegen zu ganz bestimmten Arbeitsstilen und Arbeitspräferenzen verbinden. Im **Team-Design-Modell** von *C. Margerison* und *D. Mc Cann* finden sich die von *C. G. Jung* herausgearbeiteten Typen in Form von acht verschiedenen Arbeitsfunktionen, deren geeignete Besetzung für den Teamerfolg maßgeblich ist (*Margerison* 1990, S. 35–40 und *Weber* 1990, S. 58).

(1) **Der Berater (Reporter-Adviser):** Er sorgt dafür, dass möglichst viele Informationen zu einem Problem gesammelt und verständlich aufbereitet werden. Mit Ratschlägen und dem Treffen von Entscheidungen ist er eher vorsichtig. Er verwendet lieber

sehr viel Zeit darauf, auch Details zu klären und alle nötigen Informationen zu beschaffen, um Fehlentschlüssen so wirksam wie möglich vorzubeugen. Er steuert viel Inhaltliches zum Thema bei, ist aber kein Organisator. Was den Teamgeist anbelangt, leistet er wertvolle Aufbau- und später Förderarbeit.

(2) **Der Kreative (Creator-Innovator):** Er sprudelt über vor Ideen, und er liebt es, Althergebrachtes auf den Kopf zu stellen und mit Neuem zu experimentieren. Da er sich schwer unterordnet, keine Hierarchien akzeptiert, am liebsten selbstständig arbeitet und mit seinem Ideenreichtum oft genug für Veränderungen und Umstellungen sorgt, ist er innerhalb des Teams nicht leicht mit den anderen Mitgliedern in Einklang zu bringen. Dafür gewährleistet er, dass immer wieder ein „frischer Wind" durch die Arbeit des Teams weht.

(3) **Der Überzeuger (Explorer-Promoter):** Ihm gelingt es mühelos, den Überblick zu bewahren und zu rechter Zeit die notwendigen Kontakte zu knüpfen, die nötigen Informationen aufzutreiben und schließlich die erforderlichen Hilfsmittel zu beschaffen. Er sieht vor allem die große Linie und interessiert sich weniger für das Detail. Er ist neuen Ideen gegenüber grundsätzlich aufgeschlossen und versteht es darüber hinaus ausgezeichnet, andere für Innovationen zu begeistern, was ihm seine Kontaktfreudigkeit zusätzlich erleichtert. Er kann sowohl Ideen von außen einbringen als auch nach außen präsentieren.

(4) **Der Bewerter (Assessor-Developer):** Er prüft sorgfältig, ob und inwieweit neue Ideen mit realistischen Mitteln in die Praxis umgesetzt werden können, und schätzt außerdem Arbeitsergebnisse realistisch ein. Bei der Herstellung eines Prototyps ist er „Feuer und Flamme", doch mit der Organisation der Serienproduktion hat er wenig „am Hut". Die Marktprüfung eines Prototyps interessiert ihn, die routinemäßige Produktion und der Massenverkauf nicht. Aus analytischer und objektiver Perspektive schätzt er Praktikabilität und Marktgängigkeit einer Neuigkeit ein und kümmert sich, wenn das Projekt die Prüfung bestanden hat, mit viel Engagement darum, die neue Idee zu entwickeln und zu verwirklichen.

(5) **Der Entscheider (Thruster-Organizer):** Ist es erst einmal geschafft, ihn für eine neue Idee zu begeistern, sorgt er mit Elan durch die Erstellung von konkreten Plänen, die Organisation von Personal und Systemen und die Festsetzung von Terminen und Zielen, dass die Idee Wirklichkeit werden kann. Krisen können ihn nicht einschüchtern, im Gegenteil, der Gedanke, diese überwinden zu müssen, spornt ihn an. Er schätzt Hierarchien und klare Strukturen. Seine Haltung gegenüber anderen Mitmenschen ist eher unpersönlich, da sie stark von seinem Urteil über deren Leistungsfähigkeit beeinflusst ist.

(6) **Der Macher (Concluder-Producer):** Ohne ihn bliebe in einem Team alle Routinearbeit liegen, denn seine Stärke liegt im Durchhaltevermögen und seiner Zuverlässigkeit, wenn es darum geht, dass Arbeiten regelmäßig und nach festen Vorgaben ausgeführt werden müssen. Sein gesunder Realismus gegenüber der eigenen Fähigkeiten und der Erreichung des gesetzten Teamziels sorgt dafür, dass er andere Teammitglieder zur Einhaltung von Plan- und Budgetvorgaben zu mahnen versteht.

(7) **Der Prüfer (Controller-Inspector):** Da seine „Spezialität“ die Ausarbeitung von Details und das Aufspüren von Fehlern ist, ist er der geborene Mann für die Qualitätssicherung und Budgetplanung. Es bereitet ihm keinerlei Schwierigkeiten, seine Konzentration lange und gründlich einer bestimmten Aufgabe zu widmen. Seine eher geringe Kontaktfreudigkeit lässt ihn zum wichtigen Mann im Hintergrund werden, der es versteht, ganz im Stillen für Ordnung zu sorgen.

(8) **Der Bewahrer (Upholder-Maintainer):** Als Führer ist er wenig geeignet, als Helfer dafür umso besser. Er leistet schwachen Teammitgliedern gerne und ohne auf eigene Vorteile bedacht zu sein Unterstützung. Außerdem versteht er es, die Gefühlsbeziehungen im Team zu stabilisieren und diesem so ein entsprechend kräftiges „Rückgrat“ zu verleihen. Wer „sein“ Team kritisiert, muss mit heftiger Gegenwehr von seiner Seite rechnen. Er ist ferner auf die Aufrechterhaltung von Teamnormen und Werten bedacht und steht Veränderungen jeglicher Art von der Grundtendenz eher reserviert gegenüber.

Neben den genannten acht Arbeitsstilen im Team gibt es noch eine weitere Funktion, die von einer oder mehreren Personen auch zusätzlich zu ihrer Hauptrolle wahrgenommen werden kann. Fehlen darf er jedoch keinesfalls, der **„Linker“**! Er wirkt als Koordinator für die Informationen, Projektabläufe und auch Beziehungen der Mitarbeiter untereinander und daneben noch als Repräsentant des Teams in der Öffentlichkeit. Diese Rolle ist in stärkerem Maße erlernbar als irgendeine andere der acht Hauptrollen und ist im Allgemeinen nicht so ausfüllend, so dass sie von einem oder mehreren auch nur als Nebentätigkeit ausgeübt werden kann.

Die Darstellung der acht Hauptfunktionen, die in einem Team zu meistern sind, soll allerdings nicht zu dem irrigen Schluss verleiten, ein Team wäre nur leistungsfähig, wenn es aus acht Personen besteht. Auch kleinere Teams können Gewinn bringend zusammenarbeiten, denn es kann ein Teammitglied mehrere der genannten Arbeitsfunktionen gleichzeitig wahrnehmen. Allerdings müssen dann die verschiedenen Funktionen, die in einer Person vereinigt werden sollen, sich ähnlich sein; zwischen den Fähigkeiten der betrauten Personen und der Art und Anzahl der zu besetzenden Funktionen muss ein ausgewogenes Verhältnis bestehen.

Das Teamdesign-Modell ist ein gutes Hilfsmittel, um in einem Team gezielt Mitglieder zu mischen, die sich ergänzen in Bezug auf ihre Art und Weise, wie sie mit anderen Menschen, Informationen, Entscheidungen und der Organisation ihrer selbst oder anderer umgehen.

Sind die notwendigen Rollen erkannt, ist in einem weiteren Schritt zu klären, woran man bei seinen Mitarbeitern erkennen kann, für welche Rollen sie besonders geeignet sind. Eine Möglichkeit besteht darin, sie folgenden kurzen Test machen zu lassen:

Checkliste Selbsttest: Welcher Teamtyp sind Sie?

Welche Verhaltensweisen bevorzugen Sie? Entscheiden Sie sich bei den vier unten stehenden Verhaltensmöglichkeiten für die eine oder die andere Verhaltensweise. Wichtig ist, dass Sie die Verhaltensweise wählen, die Ihren persönlichen Präferenzen am meisten entspricht, unabhängig davon, welche Verhaltensweisen Ihre jetzige Stellung von Ihnen verlangt.

(1) Im Umgang mit anderen Menschen bin ich eher:

Extrovertiert = E
Extrovertierte Menschen
- entwickeln ihre Gedanken oft, während sie mit anderen sprechen,
- treffen gerne mit anderen Menschen zusammen und lieben gesellschaftliche Veranstaltungen,
- arbeiten gerne an verschiedenen Aufgaben gleichzeitig und
- melden sich bei Sitzungen oft zu Wort.

Introvertiert = I
Introvertierte Menschen
- denken lieber gründlich nach, bevor sie sprechen,
- haben kein großes Bedürfnis, sich regelmäßig mit anderen zu treffen,
- konzentrieren sich auf eine Aufgabe und
- halten sich bei Sitzungen eher im Hintergrund.

(2) In der Beschaffung und Verwertung von Informationen bin ich eher:

Praktisch = P
Praktische Menschen
- bevorzugen klar definierte Probleme,
- arbeiten gerne mit ausgereiften Ideen,
- halten sich an Pläne und Vorgaben,
- ertragen geduldig Routinearbeit und
- achten auf Fakten und Details.

Kreativ = K
Kreative Menschen
- lieben vielschichtige Probleme,
- bringen regelmäßig neue Ideen hervor,
- suchen nach neuen Ansätzen,
- langweilen sich bei Routinearbeit und
- sehen das große Ganze.

(3) In meiner Entscheidungsfindung bin ich eher:

Analytisch = A
Analytische Menschen
- versuchen, objektive Entscheidungskriterien zu schaffen,
- entscheiden unabhängig und kühl,
- lieben Analysen und Klarheit,
- setzen Ziele und lassen sie zu ihrer Überzeugung werden und
- sind aufgabenbezogen.

Gefühlsmäßig = G
Gefühlsmäßige Menschen
- besitzen subjektive, persönliche Entscheidungskriterien,
- erscheinen engagiert,
- lieben Harmonie,
- entwickeln Ziele auf der Grundlage ihrer Überzeugungen und
- sind menschenbezogen.

(4) In der Organisation von mir selbst und meinen Mitarbeitern bin ich eher:

Strukturiert = S
Strukturierte Menschen
- lieben klare Verhältnisse und Ordnung,
- entwickeln einen Plan und halten sich daran,
- teilen die Zeit bewusst ein und halten Termine,
- mögen keine unklaren Verhältnisse und
- haben eine feste Meinung.

Flexibel = F
Flexible Menschen
- fühlen sich auch in der Unordnung wohl,
- ändern ihre Pläne manchmal täglich,
- überschreiten oft festgesetzte Termine,
- tolerieren unklare Verhältnisse und
- ändern oft ihre Meinung.

Auswertung: Wenn Sie sich für vier Verhaltensweisen entschieden haben, notieren Sie sich bitte die Buchstabenkombination (z. B. EPAS für extrovertiert/praktisch/analytisch/strukturiert). Aus der Lösungsgraphik (Abb. 11) können Sie anhand dieser Ihre **Rollenpräferenz** ablesen. Die Abbildung hat einen inneren und einen äußeren Kreis. Liegt Ihre Buchstabenkombination im äußeren Kreis, so bedeutet das: Sie leben Ihre Rollenpräferenz in ausgeprägter Form. Liegt sie im inneren Kreis, so ist Ihre Rollenpräferenz wohl typisch, aber nicht so stark ausgeprägt.

Ähnliche Instrumente zur Teamdiagnose sind das Herrman Dominanz Instrument (HDI), der MBTI oder der DISG Test (*Seiwert/Gay 2013*).

Wie bereits erwähnt, zeichnen sich leistungsfähige Teams durch Harmonie auf der Sach- und der Beziehungsebene aus. Diese Harmonie ist nur auf der Basis möglich, dass **jedes einzelne Teammitglied Experte** ist **in fachlichen Fragen**, **Organisationstalent** beweist gegenüber den eigenen Ressourcen, die **Fähigkeit** besitzt **zur aktiven Gestaltung konstruktiver zwischenmenschlicher Beziehungen**, eine gewisse **„persönliche Eignung"** zur Teilnahme an Teamarbeit mitbringt und darüber hinaus die Aufgabenverteilung optimal auf die Profile der Teammitglieder abgestimmt ist. Die richtige Zusammensetzung des Teams ist vor allem deshalb so wichtig, weil Fehlentscheidungen nur schwer rückgängig zu machen sind und für die gesamte Projektdauer schwer auf dem Teamerfolg lasten können.

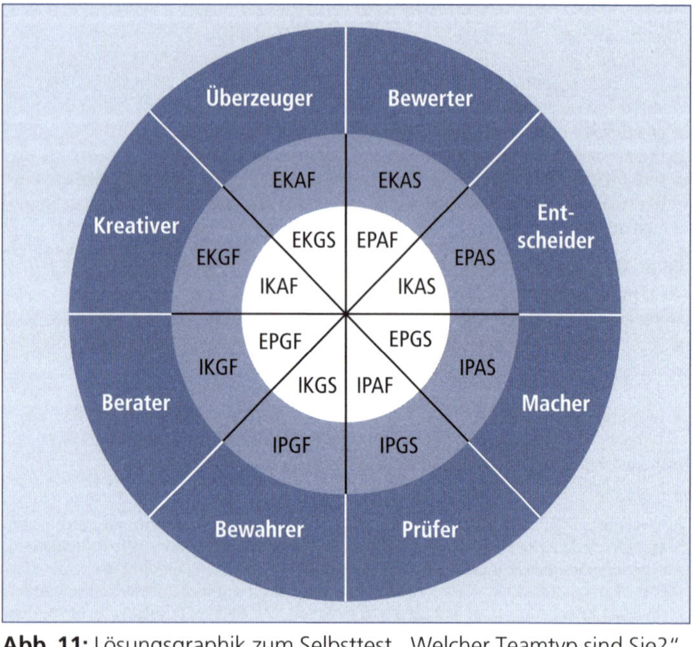

Abb. 11: Lösungsgraphik zum Selbsttest „Welcher Teamtyp sind Sie?"

Oder anders ausgedrückt gilt: Sage mir, wie ein Team beginnt, und ich sage dir, wie es endet!

2.4 Teamentwicklung – Das Innenleben meistern

Nachdem es Ihnen im Vorfeld hoffentlich gelungen ist, die optimale Personenmischung und Rollenverteilung für Ihr Team zu finden, kann der eigentliche Teamentwicklungsprozess beginnen. Der Startschuss ist gefallen, die Gründungssitzung hat stattgefunden, die Teilnehmer sind hochmotiviert. Was nun in den folgenden Wochen und Monaten auf Sie zukommt, kann man als die innere Dynamik und das Eigenleben des Teams bezeichnen. Ein Team zu gründen und zusammenzustellen ist die eine Seite, es zu erhalten, zu pflegen und zum Erfolg zu führen die andere.

Ein Team arbeitet nicht von Beginn an problemlos, sondern es muss sich zuerst eine Teamstruktur, d. h. ein passendes Aufgaben- und Beziehungsgefüge, entwickeln. Auf dem Weg dorthin durchläuft jedes Team typische Entwicklungsstadien (Abb. 12).

Phase 1: „Test- und Schnupper-Phase"

In dieser ersten Phase müssen die Teilnehmer zunächst Unsicherheiten in der neuen Situation (neue Gesichter, Verhaltenserwartungen usw.) abbauen. Das geschieht, indem man sich auf seinen sozialen Status zurückzieht und „Maske zeigt", besonders dann, wenn formale Positionen, Ränge u. Ä. oder formale Strukturen der Organisation im Spiel sind. In dieser Phase prüfen die Gruppenmitglieder die gemeinsame Situation. Sie entdecken, testen und bewerten die gegenseitigen Verhaltensweisen. Der Gruppenleiter wird kritisch beobachtet.

Auf rationaler Ebene laufen in dieser Phase die Themensuche, die Themenfindung und die Aufgabendefinition ab. Auf emotionaler Ebene kommt es zur Rollenfindung und zur Aufstellung von Spielregeln (möglichst im Gleichklang). Die Gruppenmitglieder klären für sich die Fragen:

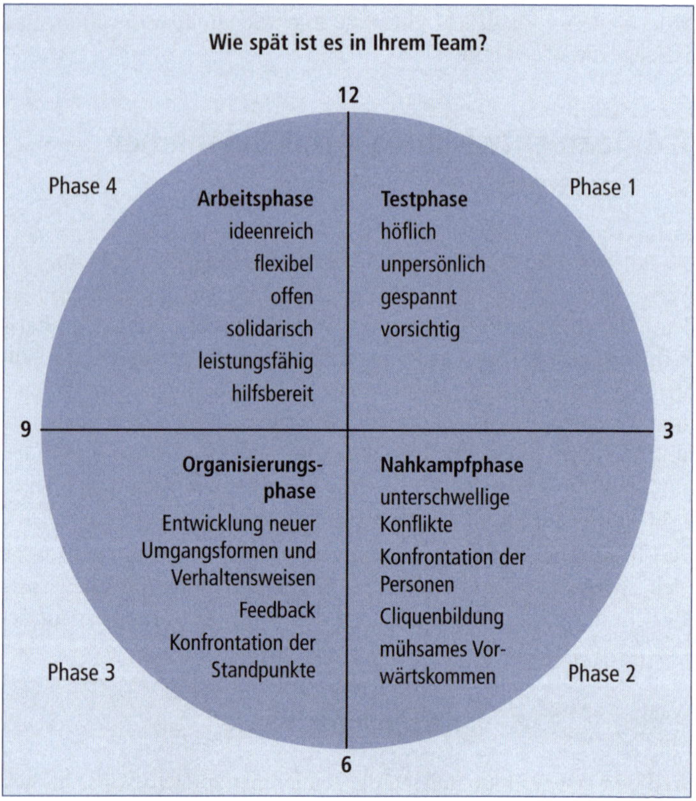

Abb. 12: Entwicklungsphasen im Leben eines Teams (in Anlehnung an *Blanchard/Carew/Parisi-Carew* 1992)

- In welcher Situation befinde ich mich?
- Wo beginnt und wo endet unsere Verantwortlichkeit?
- Was wird von uns erwartet?
- Was hat jeder für eine Rolle?

Der Schwerpunkt der Hilfestellung für die Teamentwicklung besteht in der ersten Phase darin, dem Team die Orientierung zu erleichtern und Teamlernen zu installieren. Es stehen der Aufbau von Teamgeist, die gemeinsame Definition von Zielen, Aufgaben, Kompetenzen und Verantwortlichkeiten, die Erarbeitung eines Arbeits- und Terminplans und die Veröffentlichung eines Gesamtplanes im Vordergrund. Um das Team als solches erst einmal „in Schwung zu bekommen", empfiehlt es sich außerdem, anfangs verstärkt leichte, machbare Aufgaben in den Mittelpunkt zu stellen, dem Team ein passendes Vorbild zu suchen und ihm die Gelegenheit zu geben, selbst Beobachtungen zu machen.

Tipps für den Teamleiter zur gezielten Unterstützung der Weiterentwicklung des Teams in der ersten Phase sind:

(1) **Schaffen Sie deutliche Symbole:** Kleidung, Anstecker, eigener Besprechungsraum, Spruchbänder, Entlohnung, Prämien etc.

(2) **Fordern Sie Toleranz:** Teamlernen (60%) und Arbeiten (40%) bringen hohen Stress und Unsicherheit, „auf die gleiche Wellenlänge kommen" braucht Zeit und ergibt anfänglich Abstimmungsprobleme.

(3) **Installieren Sie ein „Rotes Telefon":** Allein das Wissen um mögliche Hilfestellung hilft dem Team weiter, helfen Sie, aber lassen Sie die Verantwortung auf jeden Fall beim Team (den Weg muss es selbst gehen).

(4) **Stellen Sie einen Erfahrungsaustausch mit bereits erfolgreichen Teams her.**

(5) **Installieren Sie einen Termin zum gegenseitigen „Kopfwaschen":** Geben Sie Gelegenheit zu einem gegenseitigen offenen Feedback mit Moderator bzw. Coach (alle 4–6 Wochen).

(6) **Sprechen Sie in jeder Sitzung in den letzten 10 Minuten über die Art und Weise (das „ Wie") der Zusammenarbeit (mit Verbesserungsvorschlägen für das nächste Treffen).**

(7) **Legen Sie das besondere Augenmerk auf sauberes methodisches Vorgehen:** Sorgen Sie für eine schriftliche Festlegung von Zieldefinition und Verteilung der Aufgabenpakete etc.

(8) **Konzentrieren Sie das Team auf leichte Aufgaben:** Erfolge schweißen zusammen!

In dieser Phase 1 der Teamentwicklung gilt es, für alle Teammitglieder den konstruktiven Umgang miteinander zu lernen, Konfliktfähigkeit aufzubauen und das Zuhören, Fragen und das konstruktive Kritisieren zu lernen. Außerdem soll das Team lernen, Teamsitzungen effizient durchzuführen und eine Systematik hinsichtlich der Problemlösung zu entwickeln. Für die Bewältigung dieser Lernanforderungen in einem „neugeborenen" Team ist es hilfreich und wichtig, dass das Team seine eigenen Spielregeln aufstellt und deren Einhaltung konsequent überwacht. Spielregeln fördern die Entwicklung „konstruktiver" Gruppennormen wie z. B. Partizipation und Engagement aller Teammitglieder, allseitige Kommunikation und Interaktion und gegenseitige Unterstützung und Wertschätzung im Team. Das Gerüst von Normen und Werten in einem Team ist der Maßstab für den Umgang der Teammitglieder untereinander und auch für die Regelung der Beziehungen des Teams zu seiner sozialen Umwelt. Normen als etablierte Vorstellungen darüber, was jedes Teammitglied tun kann, soll oder muss, haben einen großen Einfluss auf das Handeln, die Kommunikation und die Verhaltenserwartungen der einzelnen Teammitglieder. Über die Sanktionierung von Verstößen gegen solche Normen wird eine gewisse Einheitlichkeit im Verhalten der Teammitglieder erreicht. Für funktionierende Teamarbeit gilt es über die Formulierung von Spielregeln die Norm- und Wertvorstellungen des Teams im positiven Sinn zu formen.

Zweckmäßige **Team-Spielregeln** für die Praxis können im Hinblick darauf z. B. sein:

Team-Spielregeln

(1) Ich bin o.k. – Du bist o.k. – Wir sind o.k.!
(2) Einer für alle – alle für einen!
(3) Erst hinhören, dann reden!
(4) Konstruktive Kritik üben und ertragen!
(5) Hart in der Sache, fair zur Person!
(6) „Teufels-Advokaten-Rolle" zulassen!
(7) Einstimmigkeit statt Bügeltechnik!
(8) Offene Information pflegen!
(9) Moderieren und Visualisieren!
(10) Kein Projekt ohne Dokumentation und Aktionsplan!

(1) **Ich bin o. k. – Du bist o.k. – Wir sind o. k.!**

Die Teammitglieder begegnen einander mit Respekt und Wertschätzung.

(2) **Einer für alle – alle für einen!**

Sobald ein Teammitglied Hilfe benötigt, sind die Teamkollegen bereit, diese zu leisten. Außerdem handelt ein Teammitglied grundsätzlich nur dann entgegen der geplanten Maßnahmen auf eigene Faust, wenn dies zur Sicherstellung der Zielerreichung unbedingt erforderlich ist. Es informiert in diesem Fall anschließend sofort das Team.

(3) **Erst hinhören, dann reden!**

Verstehen und Verständnis füreinander beginnen bei Hinhören.

(4) **Konstruktive Kritik üben und ertragen!**

Alle Teammitglieder sind aufgefordert, ihre Meinungen und Vorschläge frei zu äußern. Gegenseitige Kritik wird immer sachlich und möglichst konstruktiv formuliert, ohne dabei die Person anzugreifen.

(5) **Hart in der Sache, fair zur Person!**

Meinungsverschiedenheiten um sachliche Inhalte gehören zum Teamleben, es dürfen sich daraus aber keine persönlichen Streitereien ergeben.

(6) **„Teufels-Advokaten-Rolle“ zulassen!**

Es dürfen alle Meinungen, Erfahrungen oder Vorschläge zur Diskussion gestellt werden.

(7) **Einstimmigkeit statt Bügeltechnik!**

Für Entscheidungen wird ein gemeinsamer Konsens angestrebt. Soweit keine Einstimmigkeit herzustellen ist, gilt der Mehrheitsbeschluss. Für technische Entscheidungen sind mathematische und physikalische Fakten maßgebend. Wenn sich im Verlauf des Entscheidungsprozesses neue Aspekte ergeben, so werden diese im Team diskutiert und notwendige einzuleitende Maßnahmen vom Team gemeinsam beschlossen. Der Projekt-Verantwortliche wird darüber umgehend in Kenntnis gesetzt. Grundsätzlich gilt, dass

Fachkompetenz auch durch eine Mehrheit nicht überstimmt werden darf und dass die Durchsetzung von Fachkompetenz nicht als „Bügeltechnik“ anzusehen ist.

(8) Offene Information pflegen!

Durch einen reibungslosen Informationsfluss innerhalb des Teams können Kenntnisse und Fertigkeiten aller Teammitglieder optimal genutzt werden. Alle Teammitglieder sind verpflichtet, die zur Erledigung der Teamaufgabe notwendigen Informationen unaufgefordert bereitzustellen (Bringschuld!) und gleichermaßen fehlende Informationen einzuholen (Holschuld!). Zu diesem Zweck stehen auch alle Projekt-Unterlagen jedem Teammitglied zur Verfügung.

(9) Moderieren und Visualisieren!

Zur Gestaltung einer effektiven und harmonischen Zusammenarbeit werden verschiedene Problemlösungsmethoden und Kreativitätstechniken eingesetzt.

(10) Kein Projekt ohne Dokumentation und Aktionsplan!

Effektive Teamarbeit lebt von einer strukturierten Vorgehensweise (konkreten Maßnahmen-, Termin-, Kosten-, Aktivitätenplänen etc.). Eine sorgfältige Dokumentation ermöglicht den Vergleich von geplantem und realisiertem Projektverlauf bzgl. Entscheidungen, Maßnahmen und Ergebnisse und beinhaltet eindeutige Begründungen für vorgenommene Abweichungen.

Team-Spielregeln gilt es nicht allein mit „tierischem Ernst“ zu verfolgen. Sie tragen dazu bei, dass der Umgangston im Team freundlich und das Arbeitsklima entspannt bleibt.

Phase 2: „Nahkampf“

In der zweiten Phase versuchen die Teilnehmer, Unsicherheiten im persönlich-affektiv-emotionalen Bereich zu überwinden. Es bilden sich wechselnde Koalitionen, affektive Beziehungen und Machtkämpfe werden ausgetragen, Meinungen prallen aufeinander.

Die Fähigkeiten des Teamleiters werden ausgetestet. Diese Phase muss erfolgreich durchlaufen werden, damit aus der Gruppe von Mitarbeitern überhaupt ein Team entstehen kann.

Rational entwickelt sich bei den Teammitgliedern in dieser Phase ein Widerstand gegen die Aufgabe und emotional gegen den Teamleiter. Es kommt zur Austragung von Konflikten (je intensiver, je besser). Erkennbar wird diese Phase z. B. durch die gefürchteten „Anträge zur Geschäftsordnung", die bereits verhindern sollen, dass bestimmte Themen überhaupt oder in der vorgeschlagenen Reihenfolge oder Länge bearbeitet werden. Dieses ist die kritischste Phase. Kommt es nämlich nicht zu einer für alle akzeptablen Einigung, besteht die Gefahr, dass das Team zerbricht. Die bisher bestehenden Gemeinsamkeiten werden über Bord geworfen, der Grundkonsens in Frage gestellt, die Gruppe löst sich auf. Wenn andererseits die Konflikte und Interessengegensätze konstruktiv ausgetragen werden, geht es in der nächsten Phase um die Konsolidierung des Erreichten.

In der Nahkampfphase fallen im Team Bemerkungen wie z. B.:

- „Was machen wir jetzt?"
- „Ich habe es ja gleich gesagt, wieso habt ihr nicht auf mich gehört?"

Der Schwerpunkt für die Hilfestellung bei der Teamentwicklung liegt darin, zum Durchhalten zu ermuntern und soweit nötig dem Team helfend beizustehen. Die wichtigste Herausforderung in dieser Nahkampfphase ist, das Durchhaltevermögen aller Beteiligten zu stärken, zum Weitermachen zu motivieren und das „Ende des Tunnels" aufzuzeigen.

Tipps für den Teamleiter hierbei sind:

(1) **Bereiten Sie das Team auf diese schwierige Phase durch „Feedback-Sitzungen" vor (mit Stimmungsbarometer):** Sonst besteht die Gefahr eines „vulkanartigen", nicht mehr kontrollierbaren Ausbruchs der aufgestauten Spannungen.

(2) **Führen Sie eine außerordentliche Bilanz-Sitzung zu folgenden Themen durch:** Unser angestrebtes Ziel (Ist-Soll-Vergleich), unsere Zusammenarbeit (Spielregeln), unsere Probleme (z. B. Ressourcen/ Aufgabenverteilung) und das weitere Vorgehen.

(3) **Lenken Sie die Aufmerksamkeit der Gruppe auf folgende Lernbereiche:** Effizienz der Teamsitzungen, gegenseitige Hilfe

und Unterstützung bei der Erfüllung der Aufgaben, Informationsfluss (Bring- und Holschuld), Toleranz und Akzeptanz von persönlichen Unterschieden und Problemlösung mit Methode.

(4) **Die Aufgabe/Sache in den Mittelpunkt stellen:** Nicht in „Beziehungskisten" untergehen!

(5) **Laden Sie, soweit möglich, geübte Teams zum Erfahrungsaustausch ein.**

(6) **Feiern Sie jeden Erfolg, machen Sie ihn öffentlich:** So sieht das Team, was trotzdem alles gut läuft.

Phase 3: Organisieren

Haben die Teilnehmer die zweite Phase erfolgreich abgewickelt, entspannt sich ihr Verhältnis untereinander. Widerstände werden überwunden, Konflikte beigelegt. Die Atmosphäre wird gelockerter. Man ist bereit, zusammenzuarbeiten und sich an der Arbeit des Teams zu beteiligen. Es entwickelt sich ein „Wir-Gefühl", ein offener Austausch von Ansichten ist möglich, die Teilnehmer spielen sich aufeinander ein und können an die Arbeit gehen.

In rationaler Hinsicht gelingt dem Team nun die Findung des endgültigen Themas und in emotionaler Hinsicht die Findung der endgültigen Rollen. Im Klartext heißt das, die berühmte „Hackordnung" ist festgelegt, Spielregeln, Rollen und Aufgabenverteilung stehen – zumindest fürs Erste. Erst jetzt besteht die Chance zu einer echten Zusammenarbeit.

Im Umgang mit Problemen und Konflikten haben die Teammitglieder jetzt Routine, die individuelle Verschiedenheit wird als Grundlage von Teamerfolg verstanden, und das Vertrauen in die spezifischen Fähigkeiten der Einzelnen wächst. Die Verantwortung der einzelnen Teammitglieder ist geklärt, und „Experten" werden anerkannt und für das Team nutzbar gemacht. In dieser Organisierungsphase besteht allerdings die Gefahr der Cliquenbildung gegenüber den anderen Mitarbeitern im Unternehmen, eines übersteigerten Gruppenbewusstseins und eines übertriebenen Gruppenzwangs.

Der Schwerpunkt der Hilfestellung für die Weiterentwicklung des Teams in der dritten Phase ist die Öffnung des Teams nach außen

ins Unternehmen. Es gilt, den Horizont des Teams zu erweitern und ihm den unternehmerischen Gesamtzusammenhang aufzuzeigen.

Tipps für die Förderung dieses Prozesses sind:

(1) **Beenden Sie die „Nabelschau" durch Bereitstellung unternehmensübergreifender Info-Inputs.**

(2) **Intensivieren Sie den Kontakt des Teams zu internen Kunden und Lieferanten.**

(3) **Bieten Sie verstärkt Weiterbildung in interdisziplinären Gruppen:** Inhalte sind vor allem die Einübung fortgeschrittener Methoden der Problemlösung, Vertiefung von Kommunikation und sozialen Fähigkeiten und Übertragung weiterer Management-Aufgaben an das Team.

(4) **Fördern Sie allgemein den Kontakt des Teams zu anderen Stellen im Unternehmen:** z. B. durch Anbieten von „Schnuppertagen" in anderen Teams oder Abteilungen.

Phase 4: Arbeiten und Leistung erbringen

Das Team ist nun arbeitsfähig und in der Lage, mit Konflikten und Spannungen fertig zu werden. Das Team hat sich strukturiert, die verteilten Rollen und gebildeten Kommunikationsbeziehungen werden im Sinne der Aufgabenbewältigung genutzt. Es werden konstruktive Anstrengungen sichtbar, alle Energie ist jetzt für effektive Arbeit verfügbar.

Rational gelingt nun die Bearbeitung der Aufgabe, die Zielorientierung und die Entscheidungsfindung, und emotional die konstruktive und kooperative Aufgabenbewältigung. Das Team beweist nun seine Autonomie und Lebensfähigkeit für einen längeren Zeitraum. Es sichert seinen Bestand und regelt seine Beziehungen zur Umwelt. Im betrieblichen Alltag ist ein relativ fester Zusammenhalt, ein festes Gruppengefüge anstrebenswert.

Das Team zeichnet sich in dieser Arbeitsphase durch einen hohen Grad an Selbstorganisation aus, die Einflussmöglichkeit des Managements ist vor allem auf Zielvereinbarungen beschränkt. Das Team fordert zunehmend seine Rechte ein und das Team-Selbstbewusstsein kann zur „Machtfrage" führen.

Der Schwerpunkt der Hilfestellung in dieser vierten Phase ist, das Team dabei zu unterstützen, „seinen Platz im Unternehmen" zu finden. Es gilt mit dem Team seine Rechte und Pflichten auszudiskutieren, seine Aufmerksamkeit auf die eigenen Verbesserungsmöglichkeiten zu lenken und sein Verhältnis zum Management zu hinterfragen und evtl. neu zu definieren.

Tipps für das Verhalten des Teamleiters hierbei sind:

(1) Führen Sie geeignete **Pflegemaßnahmen zum Erhalt der Leistungsfähigkeit** des Teams ein.
(2) Erhöhen Sie durch **Job-Rotation** die Flexibilität der Teammitglieder.
(3) Fördern Sie gezielt das **Wachstum des Teams** durch die Übertragung weiterer Management-Aufgaben.
(4) Schaffen Sie durch die **Übergabe einer Patenschaft** für neue Teams die Möglichkeit zur kritischen Reflexion der eigenen Erfolgsfaktoren.
(5) Stellen Sie durch die **sorgfältige Dokumentation** der Vorgehensweise nachvollziehbares Wissen bereit.

Teams brauchen Zeit zum Wachsen und Lernen

Was den Zeitrahmen für die einzelnen Teamphasen anbelangt, so ist er vor allem abhängig von der Häufigkeit der Zusammenkünfte und der Zusammensetzung des Teams. Erfahrungsgemäß werden die Teamphasen von homogenen Teams schneller durchlaufen als von heterogenen Teams. Außerdem unterstützen häufige Zusammenkünfte des Teams in kurzen Zeitspannen seine Entwicklung, so dass einige Psychologen auch von einer **Phase 5**, dem „**Bonding**" sprechen. Somit kann sich die Entwicklung eines Teams nur wenige Tage, oder aber über mehrere Monate hinziehen. Die Entwicklung von Teams verläuft allerdings in den seltensten Fällen geradlinig, sondern es kommt des Öfteren zu Krisen. Durch sich verändernde Einflüsse von außen oder innen kann das Team in frühere Phasen zurückfallen. So können z. B. das Hinzukommen neuer Mitglieder oder Veränderungen bzgl. Zielsetzungen, Strategien oder Ressourcen ebenso wie persönliche Krisen oder Probleme einzelner Mitglieder, insbesondere aber auch Konflikte verschiedenster Art das erreichte Gleichgewicht zumindest vorübergehend wieder aus dem Lot bringen.

2.5 Konflikte im Team – „Das Salz in der Suppe"

Auf ihrem Weg zu einem leistungsstarken Team werden alle Beteiligten oft genug über Konflikte stolpern, und zwar über Konflikte verschiedenster Art, Ausprägung und Auswirkung.

Wenn hier im Weiteren von „Konflikt" gesprochen wird, soll darunter immer ein „Zusammenstoß" von zwei oder mehreren auf unterschiedliche Ziele gerichteten Kräfte gemeint sein. Dabei entstehen Konflikte in Gruppen meist im Zusammenhang mit Phänomenen wie z. B. Machtverteilung, Normen und Werte, Zielsetzung der Gruppe, Veränderungen, Emotionen etc.

Sie gehören zum Alltag des menschlichen Zusammenlebens und sind oft als **Wendepunkte** anzusehen: Gelingt es, sie zu akzeptieren und ihnen Paroli zu bieten, dann kommen ihre **konstruktiven Kräfte** zum Tragen. Sie sorgen dann dafür, dass notwendige Entscheidungsprozesse in Gang kommen, versteckte psychische Energien zu Tage gefördert werden, die Handlungsspielräume der Beteiligten bereichert werden und damit die persönliche Weiterentwicklung der Betroffenen begünstigt wird.

Werden sie jedoch vermieden und wird ihnen nur ausgewichen, dann treten die destruktiven Wirkungen von Konflikten in den Vordergrund. Sie bestehen darin, dass notwendige Entscheidungsprozesse ausbleiben, vorhandene psychische Energien brachliegen, die Handlungsspielräume durch den Druck, die verleugnete Situation vermeiden zu müssen, stark eingeschränkt werden und so letztlich die persönliche Weiterentwicklung verhindert wird.

Was diese Bedeutung und Funktion von Konflikten anbelangt, findet im Augenblick in den Unternehmen ein Sinneswandel statt: Sah man in der Vergangenheit Konflikte als „Krankheit", so ist nach der heutigen Betrachtungsweise nicht der Konflikt das Krankheitszeichen, sondern die Unfähigkeit der Person bzw. der Organisation, Konflikte zu regeln. Konflikte werden nicht länger als etwas grundsätzlich Zerstörerisches und Schädliches betrachtet, das es mit allen Mitteln zu verhindern gilt. Sie gelten heute nicht mehr als unvereinbar mit Teamarbeit, sondern als wichtig, wenn sie **offen** und **fair** ausgetragen werden.

Folgende positive Aspekte von offen ausgetragenen Konflikten lassen sich in der Praxis unterscheiden:

- **Konflikte machen Probleme sichtbar:** Durch das offene Diskutieren von Problemen werden bisher verborgene Spannungen den Betroffenen erst voll bewusst. Das Wissen darum, dass und warum andere frustriert sind und nach Veränderungen streben, aktiviert die nötige Initiative, um den vorhandenen Konflikt zu lösen.
- **Konflikte treiben organisatorische Veränderungen und Anpassungsprozesse voran:** Sie lenken die Aufmerksamkeit auf die Punkte, die bei den Mitarbeitern Frustrationen auslösen und gegen deren Interessen sprechen.
- **Konflikte können Beziehungen stärken und die Moral heben:** Sobald Mitarbeiter sich sicher sein können, dass ihre Beziehungen zueinander Konflikten standhalten, besteht keine Notwendigkeit mehr, mit Problemen und Frustriertheit hinter dem Berg zu halten. Sie können ihre Spannung in offener Problemdiskussion abbauen.
- **Konflikte fördern das Bewusstsein über die eigene Person und über andere:** Konflikte geben jedem die Gelegenheit, sich selbst besser kennen zu lernen, indem man beobachtet, was einen traurig, ärgerlich oder ängstlich macht und was einem besonders wichtig ist. Das Wissen davon, was der Teamkollege auf dem Herzen hat, macht es leichter, ihm Verständnis entgegenzubringen.

- **Konflikte sind eine Chance für persönliche Weiterentwicklung:** Die Mitglieder eines Teams lernen etwas darüber, wie ihr Verhalten auf andere wirkt und welche Fähigkeiten sie erwerben müssen, um ihr Erfolgsziel zu erreichen.
- **Konflikte wirken psychologisch positiv:** Sie helfen, die Selbsteinschätzung genauer und realistischer zu machen. Sie bewirken, dass Menschen andere Perspektiven kennen lernen und weniger egozentrisch orientiert sind. Gleichzeitig vermittelt die erfolgreiche Lösung eines Konfliktes dem Betroffenen das Gefühl, sein Leben im Griff zu haben und steuern zu können, da er Feindseligkeit und Ärger nicht einfach nur ertragen muss, sondern dagegen aktiv werden kann.
- **Konflikte können allgemein stimulierend wirken:** Sie können frischen Wind in den grauen Alltag bringen und durch die Auslösung von einer Reihe von Gefühlen auch eine Abwechslung sein. Sie regen die Betroffenen zu neuen Sichtweisen an und machen die Feinheiten in zwischenmenschlichen Beziehungen bewusst.

Demgegenüber macht sich heute in den Unternehmen allmählich ein ebenso klares Bewusstsein über die erheblichen Nachteile der krampfhaften Verdrängung oder Vermeidung von Konflikten breit, wie z. B.:

- Konflikte verschwinden nicht, indem man sie verleugnet.
- Die Betroffenen verschwenden viel Zeit und Energie, um mit verdrängten Konflikten fertig zu werden, um Außenstehenden ihr Leid darüber zu klagen und um ihre wahren Gefühle zu verstecken.
- Das Unterdrücken der aus dem Konflikt resultierenden inneren Anspannung wirkt sich sowohl auf das seelische als auch das körperliche Wohlbefinden der Betroffenen negativ aus und kann so zu Krankheit, sprich Arbeitsausfall, führen.
- Dadurch, dass die Betroffenen sich gezwungen sehen, mit Frustrationen und Problemen leben zu müssen, empfinden sie Hilf- und Machtlosigkeit gegenüber ihrer Lebensgestaltung. Daraus ergibt sich eine passive Lebenseinstellung, die mit dement-

sprechend wenig Engagement für ihre Aufgabe Hand in Hand geht.

Wegen eines unterdrückten Konfliktes werden also letztlich nur wertvolle Energien für seine Tarnung verschwendet, die Moral unter den Mitarbeitern durch das Versteckspiel angegriffen und notwendige Veränderungen sabotiert. In Anbetracht dessen wird die Notwendigkeit deutlich, dass Mitarbeiter es lernen, mit Konflikten konstruktiv umzugehen.

Denn: Nicht der Konflikt an sich, sondern der angemessene und geschickte Umgang damit ist es, was die Gesundheit eines Unternehmens und seiner Mitarbeiter fördert.

Um die schlummernden positiven Kräfte für die Praxis nutzbar zu machen, ist es hilfreich, für die Diagnose und Regelung von Konflikten im betrieblichen Alltag Kenntnisse zu erwerben über die

- **Eigendynamik von Konflikten,**
- **Konfliktarten** und
- **Konfliktquellen.**

Eigendynamik von Konflikten

Nach *Hart* (1981) entsteht und verläuft ein Konflikt in folgendem siebenphasigen Kreislauf (Abb. 13):

Phase 1: Erwartung (Schildkröte):

Die erste Phase, das Erwarten eines Konfliktes, kann unbewusst oder bewusst ablaufen. Im ersten Fall wird die betroffene Person etwa zu sich selbst sagen: „Ich werde meinen Kampfanzug anziehen, für den Fall, dass ich angegriffen werde"; im zweiten Fall eventuell: „Es ist jemand dort, mit dem es Streit geben wird". Zu einem bestimmten Zeitpunkt verlassen wir dann diese schildkrötenartige Position, strecken unseren Hals heraus und werden uns des Konfliktes bewusst.

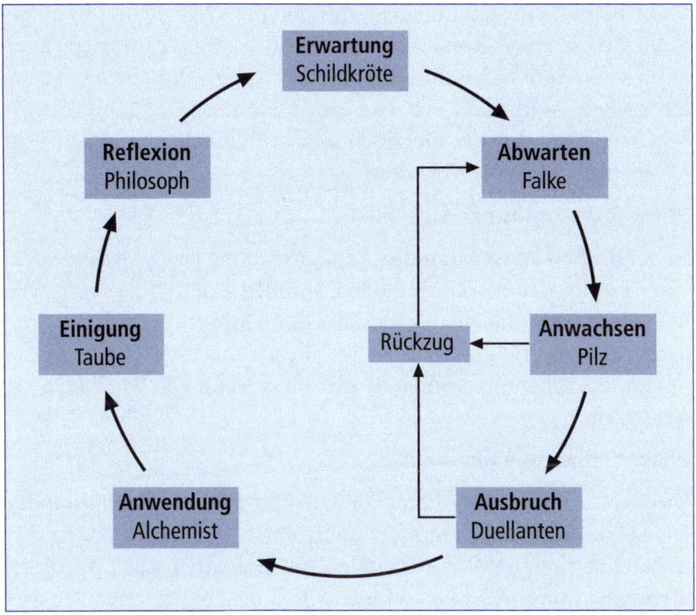

Abb. 13: Konfliktkreislauf

Phase 2: Abwarten (Falke):

In der zweiten Phase gleichen wir einem Falken, der das Ereignis und die Personen umkreist, Informationen sammelt und versucht zu bestimmen, was er als Nächstes tun soll. Für einige Zeit halten wir inne und warten ab, was passiert („Lauerhaltung").

Phase 3: Anwachsen (Pilz):

Der Konflikt wird jedoch, solange seine Ursache nicht beseitigt wird, sprunghaft ansteigen, langsam oder schnell. In dieser dritten Phase wissen wir, dass er nicht von selbst verschwinden wird, auch wenn wir uns das wünschen. Was klein war, wird größer und was als vermeidbar galt, ist jetzt unvermeidlich.

Phase 4: Ausbruch (Duellanten):

Die vierte Phase, der Ausbruch des Konfliktes, ist erreicht. Die „Duellanten" nehmen ihre Positionen ein, die Probleme treten deutlicher hervor, die Spannung ist groß und die Verteidigung ist aufgestellt. Zu diesem Zeitpunkt kann man noch in die Abwarteposition zurückkehren und den Konflikt beschwichtigen, verneinen oder unterdrücken. Man muss sich zwar am Ende wieder in die Offensive begeben, kann jedoch für einen Moment innehalten. Die zweite Möglichkeit ist sofort weiterzugehen.

Phase 5: Anwendung (Alchemist):

In der fünften Phase kommt es zur Anwendung einer Methode oder einer Kombination von Methoden, um den Konflikt zu lösen. Wie der Alchemist brauchen auch die Konfliktpartner mehrere Versuche, um die richtige Formel für die Lösung ihrer Probleme zu finden. Ein Übereinkommen ist getroffen, wenn alle Beteiligten zufrieden sind.

Phase 6: Einigung (Taube):

Die sechste Phase führt damit zur Ausrufung des Waffenstillstandes. Die Spannung löst sich und die Energie wird wieder für andere Aktivitäten verwendet. Wie turtelnde Tauben, können auch die bisher Streitenden ihre früheren Gefühle der Zuneigung füreinander wieder entdecken.

Phase 7: Reflexion (Philosoph):

Eine Schlüsselstellung im Kreis nimmt die siebte und letzte Phase, die Reflexion, ein. Diese erlaubt den in den Konflikt Verwickelten, sich „philosophische" Fragen zu stellen, wie z. B. „Was habe ich daraus gelernt über mich selbst, über andere und über diesen Betrieb?", oder „Was habe ich getan, worauf ich stolz bin?" oder „Was würde ich diesmal anders machen, wenn ich das Ganze nochmal abspielen lassen könnte?". Diese Phase der Reflexion ist sehr wichtig und wird trotzdem oft vergessen oder missachtet. Wenn die am Konflikt Beteiligten die anderen Phasen abgeschlossen und eine Einigung erzielt haben, aber keine Anstrengungen unternommen wurden, das Gelernte zu analysieren, werden die Einstellungen und Verhaltensweisen der Einzelnen sehrwahrscheinlich im nächsten Konflikt die gleichen sein. Wenn jedoch jeder Beteiligte die Angemessenheit seines eigenen Verhaltens noch mal durchdenken würde, könnte man den nächsten Konflikt sicher viel einfacher und zufrieden stellender lösen. So hätte wirklich jeder aus dem Konflikt gelernt.

Konfliktarten

Bei der Teamarbeit können fünf verschiedene Konfliktarten auftreten:

- **Sachkonflikte**
- **Rollenkonflikte**
- **Prozedurenkonflikte**
- **Beziehungskonflikte**
- **Wertekonflikte**

Sachkonflikte

Beispiel: Zwischen dem Teamleiter eines Produktionsteams und dem Leiter des Wareneinkaufs kommt es wiederholt zu Spannungen. Während der Teamleiter weiterhin bestimmte Materialien vom bisherigen Lieferanten beziehen will, versucht der Leiter des Wareneinkaufs einen neuen, billigeren Lieferanten einzuführen. Der Teamleiter wehrt sich dagegen, weil er in der Praxis bereits mehrfach die Erfahrung gemacht hat, dass das billigere Material Qualitätsmängel aufweist, die zu Problemen in der Fertigung führen.

Problem: Der Konflikt beruht auf einer objektiven Begebenheit, ist Ausdruck unvereinbarer Ziele und rational bestimmt.

Lösung: Eine sinnvolle Lösung kann hier nur erreicht werden, indem man die hinter einer bestimmten Position stehenden Interessen aufdeckt und **alle Beteiligten** eine Entscheidungsgrundlage erarbeiten. Dafür muss gemeinsam für jede Position Für und Wider abgewogen und ihre Konsequenzen für das Projekt und das gesamte Unternehmen aufgezeigt werden.

Rollenkonflikte

Beispiel: Für ein Projekt, das von der Geschäftsführung höchste Priorität besitzt, ist es notwendig, dass der hochqualifizierte Mitarbeiter M. neben seiner Tätigkeit in der Stammfunktion aktiv zwei Tage in dem betreffenden Projekt mitarbeitet. Der Stammfunktionsleiter weigert sich jedoch gegenüber dem Teamleiter den Mitarbeiter M. für das Teamprojekt freizustellen, weil damit die Erledigung der Abteilungsarbeit nicht mehr zu gewährleisten ist. Für die ordnungsgemäße Bearbeitung der Stammfunktionsaufgaben trägt der Funktionsleiter gegenüber der Unternehmensführung jedoch volle Verantwortung.

Problem: Der Konflikt entsteht hier aus den sich gegenseitig behindernden Verpflichtungen, die ein und dieselbe Person erfüllen soll. So ein Fall ist z. B. gegeben, wenn ein Mitarbeiter gleichzeitig sowohl für Projektarbeit als auch für Linienarbeit in gleichem Ausmaß zur Verfügung stehen soll.

Lösung: Dieses Entscheidungsdilemma ist nur durch eine entsprechend eindeutige und klare Prioritätensetzung durch die Geschäftsführung lösbar. Rollenkonflikte sind sozusagen typisch für Projektarbeit und treten häufig auf. Sie sind Ausdruck des Spannungsfeldes zwischen Linie und Projekt, Innovation und Stabilität. Sind die Vereinbarungen zu einem Projekt unklar oder gar widersprüchlich, dann kommt es nicht selten über Rollenkonflikte zu schwerwiegenden Projektkrisen.

Prozedurenkonflikte

Beispiel: Ein Kollege aus der Marketing-Abteilung lehnt die Mitarbeit in einem Team zur Entwicklung eines neuen Produktes ab, weil seine Abteilung bei der Vorentscheidung über die Rentabilität der Neuentwicklung im Hinblick auf die Marktsituation übergangen worden war.

Problem: Prozedurenkonflikte sind dadurch gekennzeichnet, dass die Beteiligten zwar im Prinzip dasselbe Ziel anstreben, sich aber darüber uneinig sind, wie dieses Ziel am besten zu erreichen ist. Ursachen können z. B. Unzufriedenheit mit der Art und Weise der Entscheidungsfindung oder des Informationsflusses sein.

Lösung: Bei Prozedurenkonflikten ist relativ einfach Abhilfe zu schaffen, indem man Kommunikation und Information verbessert, in Besprechungen gegenseitige Abstimmung erfolgt, die Projektbeteiligten systematisch einbezogen werden und man die Vorgehensweise verändert.

Beziehungskonflikte

Beispiel: Während Besprechungen entsteht ein Geplänkel zwischen dem Vertriebsleiter und einem Kollegen aus der Produktion. Es sind wiederholt subtile, persönliche Angriffe von Seiten des Vertriebsleiters zu beobachten in Form von ironischen Bemerkungen wie z. B. „Sie scheinen ausnahmsweise einmal zuerst gedacht zu haben, bevor Sie den Mund aufgemacht haben."

Problem: Diese Konflikte werden durch unterschiedliche Gefühle und Einstellungen zwischen den Konfliktpartnern produziert. Ihre Ursachen können sowohl im persönlichen Bereich (Antipathie) liegen als auch eine Personifizierung von Sach-, Rollen- oder Prozedurenkonflikten sein, die als Beziehungskonflikt eine Eigendynamik entwickeln und sich verselbstständigen.

Lösung: Voraussetzung für die Lösung von Beziehungskonflikten ist, dass sich die Betroffenen darüber verständigen, dass der Konflikt in einem offenen, sachlichen Gespräch dargelegt und evtl. auf der „Metaebene" bearbeitet wird (d. h. über das Gespräch selbst diskutiert wird).

Wertekonflikte

Beispiel: Der Leiter eines Teamprojektes zur Rationalisierung des Fertigungsbereichs eines Unternehmens hat von der Unternehmensleitung die Anweisung bekommen, die bevorstehenden Entlassungen noch geheim zu halten, da man die Mitarbeiter noch bis Ende des

Jahres brauche. Der Teamleiter ist mit diesem Vorgehen überhaupt nicht einverstanden, da es seiner ethischen Auffassung vom Umgang mit Mitarbeitern und Kollegen widerspricht. Nun steht er vor der Frage, inwieweit er unter diesen Voraussetzungen das Projekt noch weiter leiten kann.

Problem: Wertekonflikte treten dann auf, wenn für den einzelnen Mitarbeiter eine Unvereinbarkeit zwischen seinen beruflichen Anforderungen und seinen ethischen Wert- und Moralvorstellungen entsteht.

Lösung: Beim Wertekonflikt handelt es sich um eine rein persönliche Auseinandersetzung, die nur durch eine entsprechende Entscheidung des Betroffenen zu lösen ist.

Konfliktquellen

Konfliktpotential besteht in jedem Team grundsätzlich auf drei Ebenen:

- **Aufbau bzw. Ablauf der Teamorganisation:** Die Organisation und die Kultur eines Unternehmens kann je nachdem, wie sie strukturiert sind, welche hierarchische Ordnung herrscht, wie die Aufteilung von Zuständigkeiten geregelt ist, inwieweit enge Verhaltensvorschriften bestehen, welche Wertorientierung verfolgt wird etc. für ihre Mitarbeiter angenehmere oder unangenehmere Rahmenbedingungen schaffen und auf diesem Wege Anzahl und Ausprägung von Konflikten mitbeeinflussen.
- **Persönlichkeit der einzelnen Teammitglieder:** Je nachdem, welches Menschenbild bzw. welche prinzipielle Lebenseinstellung ein Teammitglied besitzt, wie ausgeprägt sein Selbstwertgefühl und seine Anpassungsfähigkeit sind und wie hoch seine Bereitschaft zur persönlichen Weiterentwicklung und Übernahme von Verantwortung ist, findet sich ein Teammitglied mit mehr oder weniger großen Schwierigkeiten und auch Konflikten im Teamleben zurecht.
- **Umgang zwischen den Teammitgliedern:** Je stärker das Klima im Team von offener und aufrichtiger Interaktion und Kommunikation geprägt ist, je mehr Werte wie Toleranz, Empathie,

Kompromiss- und Hilfsbereitschaft von allen Teammitgliedern anerkannt und praktiziert werden, umso konfliktärmer stellt sich das Teamleben dar. Je weniger das Teamleben von konstruktiven Normen und Werte bestimmt ist, umso größer ist das im Umgang der Teammitglieder begründete Konfliktpotential.

Was den Teamalltag anbelangt sind es (angelehnt an das Konzept des amerikanischen Verhaltensforschers *A. H. Maslow*, Abb. 14) im Wesentlichen folgende menschliche Grundbedürfnisse, deren mangelhafte Berücksichtigung und Befriedigung zu Konflikten führen (vgl. *Ulsamer 1988, Zuschlag, Thielke 1989*):

(1) Physiologische Grundbedürfnisse:

Grundvoraussetzung für Arbeitsfreude ist das körperliche Wohlbefinden der Mitarbeiter. Demnach ist es wichtig, die Gestaltung der Arbeitsplätze unter Berücksichtigung der körperlichen Belastungen, denen der Mitarbeiter ausgesetzt ist, vorzunehmen. Denn: Einem Mitarbeiter, der wegen eines ungeeigneten Bürostuhls ständig unter Rückenschmerzen zu leiden hat oder aufgrund mangelhaft arbeiten-

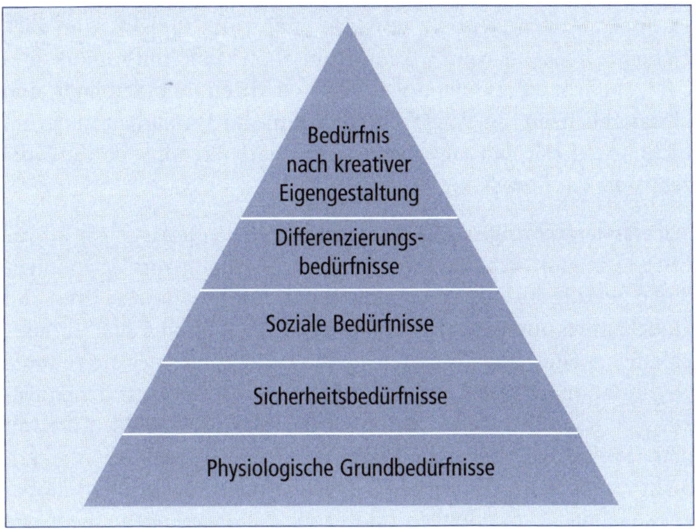

Abb. 14: Bedürfnispyramide

der Klimaanlagen häufig von Kopfschmerzen geplagt ist, geht viel Zeit und Energie verloren, um die Wurzeln seines körperlichen Unbehagens zu beseitigen. Und hierin steckt viel Konfliktpotential: Das durch seine Beschwerden bedingte geringe Engagement und gehäufte Fehltage des geplagten Mitarbeiters können den Unmut seiner Teamkollegen und seiner Vorgesetzen heraufbeschwören.

(2) **Sicherheitsbedürfnisse:**

Ein Unternehmen, das seinen Mitarbeitern eine gewisse Arbeitsplatzsicherheit, entsprechende Sozialleistungen und ein angemessenes Einkommen bietet, sichert die Zufriedenheit seiner Mitarbeiter und beugt so Konflikten vor. Doch ebenso wichtig wie die materielle Sicherheit ist für die Mitarbeiter eine gewisse ideelle Sicherheit durch eine einheitliche und stabile Wert- und Zielorientierung im Unternehmen, nach der sie sich richten können. Darüber hinaus ist die Berücksichtigung des menschlichen Grundbedürfnisses nach Sicherheit und Stabilität speziell für Teamarbeit noch in zweifacher Hinsicht bedeutsam:

Zum einen hat Teamarbeit als Projektarbeit die Erfüllung eines bestimmten Auftrages und damit das Ende eines Projekts zum Ziel. Dementsprechend wird Teamorganisation mit Innovation und „Vergänglichkeit", Linienorganisation dagegen mit Stabilität und „Unsterblichkeit" assoziiert. Die Teilnahme an Teamarbeit ist darum nicht selten mit der Angst verbunden, nach Projektende „entwurzelt" oder gar überflüssig zu sein.

Zum anderen bringen Teamprojekte immer Veränderungen für die Mitarbeiter mit sich. Sie fordern eine Umstellung von Gewohnheiten, eine Aufgabe von Altvertrautem und den Mut, etwas Neues und Unbekanntes auszuprobieren. Das ist der Fall, ob nun die Produktpalette erweitert, die Verfahrensmethode überholt oder die gesamte Organisation umgestaltet wird – immer ist von den Betroffenen Flexibilität gegenüber neuen Bedingungen gefordert. Werden die mit dem Projekt verbundenen Veränderungen von den Mitarbeitern nicht als Chancen für Verbesserungen erkannt, dann lösen die bevorstehenden Umstellungen und neuen Anforderungen eine ganze Reihe von Ängsten aus.

Das beste Mittel, um zu verhindern, dass sich aus den geschilderten Ängsten unüberwindbare Widerstände gegen Teamarbeit entwickeln, ist wohl die Gestaltung der Teamaufgabe nach dem Prinzip „Betroffene zu Beteiligten machen". Das heißt nichts anderes, als das Projekt von seiner Geburtsstunde an unter Beteiligung der Teammitglieder zu planen und zu organisieren. Nur auf diesem Wege können die Widerstände gegen ein Projekt früh erkannt, offen dargelegt und gemeinsam bearbeitet werden.

(3) **Soziale Bedürfnisse:**

Dem Grundbedürfnis des Menschen nach guten zwischenmenschlichen Beziehungen Rechnung zu tragen, ist für ein gutes Arbeitsklima im Team wie auch im gesamten Unternehmen unverzichtbar. Mangelnder Kontakt der Mitarbeiter zueinander ist ein guter Nährboden für Konflikte, denn aufgrund ungenügendem Informationsfluss können unliebsame Missverständnisse entstehen, sich hinderliche Vorurteile herausbilden etc. Hieraus resultiert wiederum mangelhafte Zusammenarbeit der einzelnen Mitarbeiter, was schwerwiegende Fehler nach sich ziehen und großen Schaden für das Unternehmen anrichten kann. Der regelmäßige Kontakt zu Kollegen aus anderen Teams und Abteilungen zwecks Erfahrungs- und Informationsaustausch im Rahmen von Besprechungen sowie Gelegenheiten für die Mitarbeiter, sich auch über Privates auszutauschen, z. B. bei Betriebsausflügen, Personalversammlungen, Betriebsfesten etc., fördern ein harmonisches Klima.

(4) **Differenzierungsbedürfnisse:**

Um ein Team zu seinen Höchstleistungen führen zu können, ist es notwendig, auch dem Bedürfnis der Teammitglieder nach Anerkennung, Aufstiegsmöglichkeiten und Sicherung eines angemessenen Status entgegenzukommen. Nur wenn Teammitglieder die Erfahrung machen, dass ihre Anstrengungen gebührend anerkannt und belohnt werden, bleibt die Motivation hoch. Die Kunst für das Unternehmen besteht nun darin, geeignete Belohnungssysteme für Kollektivleistungen zu entwickeln. Zur Vermeidung von Konkurrenzdenken und zur Unterstützung optimaler Kooperation ist zu beachten, dass immer dem Team als eine Einheit und nicht nur einzelnen Mitgliedern des Teams Anerkennung zukommt.

(5) **Bedürfnisse nach kreativer Eigengestaltung im Arbeitsprozess:**

Diesem Bedürfnis wird Teamorganisation in weit größerem Maße gerecht als Linienorganisation. Da Teams ein oft nicht unerhebliches Maß an Handlungs- und Entscheidungsfreiheit genießen, erleben die Mitglieder ein ausgeprägtes Gefühl der Eigenkontrolle. Die Möglichkeit zur Mitbestimmung und Mitgestaltung in Bezug auf die eigene Arbeitssituation sorgt für ausgeprägte Arbeitszufriedenheit. Darüber hinaus bietet Teamorganisation den großen Vorteil, dass die Arbeit sich für die Betroffenen viel abwechslungsreicher und interessanter gestaltet.

Konflikte gezielt vermeiden heißt also, den genannten Bedürfnissen der Mitarbeiter generell entgegenzukommen und den Weg für ihre Befriedigung möglichst zu ebnen. Ein konfliktarmes Betriebsklima in einer Teamorganisation ist in diesem Sinne auch davon abhängig, wie weit es gelingt, das Spielfeld des Teams, sozusagen seinen „Lebensraum“, klar zu umreißen und förderlich zu gestalten.

2.6 Das Team und sein „Spielfeld“

Betrachten wir im Folgenden das Team und sein Umfeld. Ähnlich wie bei einem Fußballspiel müssen die Beteiligten unterschiedliche Funktionen und Rollen übernehmen, damit das „Teamspiel“ funktioniert. Entsprechend muss ein Qualifizierungsprogramm die Schwerpunkte unterschiedlich setzen.

Wie die Abb. 15 zeigt, sind Führungskräfte wie Mitarbeiter von den notwendigen Veränderungen gleichermaßen betroffen. Folgende „Lernleistungen“ müssen jeweils erbracht werden:

(1) **Hierarchen:** Erfahrungsgemäß müssen die „Hierarchen“ (Unternehmensleitung, Bereichsleiter und Hauptabteilungsleiter) ihre veränderte Rolle bei der Gestaltung der Rahmenbedingungen verinnerlichen. Sie sind die Promotoren dieser **neuen Unternehmens- und Führungskultur**.

(2) **Teamleiter:** Die Teamleiter und Teamsprecher verkörpern die „neue“ Generation von Führungskräften, die als „primus inter pares“ wirken soll.

(3) **Team:** Das Team selbst definiert sich als eine **„Lern- und Leistungsgemeinschaft“**, die ebenfalls als „Ganzes“ miteinander und füreinander lernen muss.

(4) **Teammitglieder:** Auch die einzelnen Teammitglieder haben individuell unterschiedlichen Qualifizierungsbedarf.

Häufig bedarf es dazu in der Praxis einer organisationsinternen oder -externen beraterischen Unterstützung (Mentoren, Coachs etc.), die insbesondere in der Anfangsphase bei der Einführung von Teamorganisation als „Feuerwehr“ bei Problemen und Konflikten den Teams Unterstützung leisten.

Welche Rolle jeder der Beteiligten im Einzelnen lernen bzw. spielen muss, ist in Abb. 15 dargestellt.

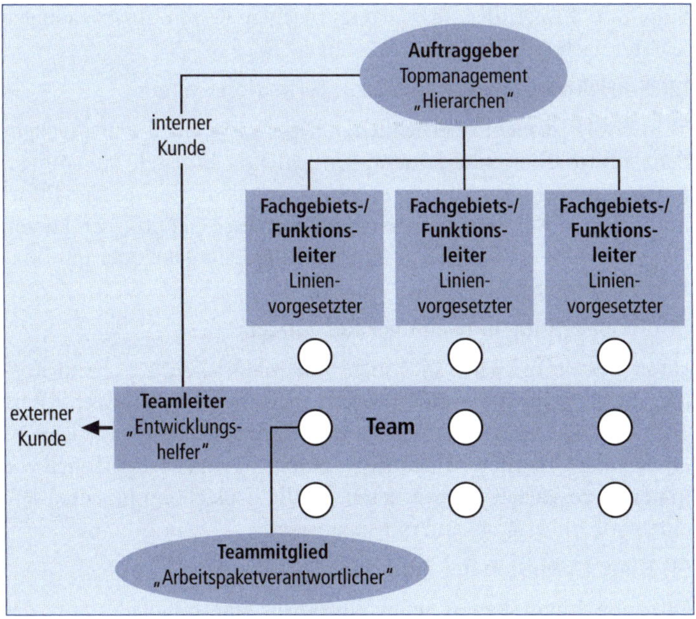

Abb. 15: Das Team und sein Spielfeld

Die Aufgaben des Top-Managements – Das Spielfeld bereiten

Teamarbeit kann nur funktionieren, wenn das Unternehmen bzw. die Verantwortlichen in organisatorischer Hinsicht entsprechende **Rahmenbedingungen** schaffen. Hierzu gehören:

(1) **Standardisierung von Verfahren und Methoden:**

Im Team und zwischen den einzelnen Teams ermöglicht diese eine Systematisierung und damit reibungslosere Abläufe von Arbeitsvorgängen, Problemlösungsprozessen und Entscheidungsfindung. Eine solche Standardisierung stellt die gemeinsame Operationsbasis aller Teams dar. Im Bereich der Teamarbeit kann das z. B. die Benutzung unternehmensweit geltender „Fahrpläne" zur schriftlichen Fixierung von Teamzielen, Maßnahmen, Aktivitäten und Teamerfolgen sein. Sie geben Außenstehenden in übersichtlicher Form Einblick in Sinn und Zweck des Teams und machen dessen Anstrengungen leichter nachvollziehbar.

(2) **Einrichtung entsprechender Informationssysteme:**

Teamerfolg ist nicht unerheblich abhängig von einem entsprechenden Informationsmanagement. Um effektiv arbeiten zu können, muss jedes Team ständig die Möglichkeit haben, notwendige Informationen in kürzester Zeit einzuholen. Diese „Politik der kurzen Wege" verhindert verzögerte Informationsweitergabe oder unnötige Informationsverluste.

(3) **Bereitstellung notwendiger Ressourcen:**

Unter Ressourcen seien hier nicht nur Materialien, Zeit- und Kostenbudget gemeint, sondern auch personelle Ressourcen. Eine grundlegende Voraussetzung für die Erreichung des Teamzieles ist es, dass die Unternehmensführung bereit ist, zunächst personell wie materiell zusätzlich zu investieren, da die Umstellung in jedem Fall einen hohen Lernaufwand mit sich bringt.

(4) **Klare Definition der Funktion jedes Teams:**

Um eine Identifikation jedes einzelnen Teammitgliedes mit der Teamaufgabe zu erreichen, ist es wichtig, dass die Teams vollen Einblick in die Bedeutung ihrer Tätigkeit für das gesamte Unternehmen besitzen. Zum einen muss jedes Team seine Funktion, seine Grenzen und seine Stellung im Unternehmen genau kennen; zum anderen müssen Teams auch den Eindruck haben, dass Kreativität und Fachkenntnis ihrer Mitglieder entsprechend Gewinn bringend eingesetzt werden. Letzteres bedeutet konkret, dass Lösungen oder Verbesserungsvorschläge, die das Team im Rahmen seiner Aufgabe entwickelt hat, soweit als möglich realisiert werden sollten oder, wenn nicht, nur mit stichhaltiger Begründung abgelehnt werden. Andernfalls kann der Eifer eines Teams nur allzu rasch erlahmen und Initiative in Passivität umschlagen. Nur wenn das Team am eigenen Leibe erfährt, welchen Beitrag es zum Unternehmenserfolg leisten kann und seine Funktion eindeutig von den Funktionen anderer Teams abgegrenzt ist, entwickelt es das Selbstvertrauen, das notwendig ist, um sein kreatives Potential voll zur Entfaltung zu bringen.

(5) Schaffung von Berührungspunkten zwischen den einzelnen Teams:

Damit sich zwischen den verschiedenen Teams systematische Beziehungen entwickeln können, müssen strukturell Formen geschaffen werden, die regelmäßige Kontakte ermöglichen. Den Erfahrungs- und Informationsaustausch zwischen den Teams fördern heißt, die Basis für allseitige Kooperation zu legen. Berührungspunkte einzurichten ist die Voraussetzung dafür, dass gegenseitige Wertschätzung und Verständnis für Interessen, Aufgaben und Probleme herrschen und es zu einer Abstimmung über Probleme und Schnittbereiche kommt. Eine Möglichkeit hierzu besteht in der Einrichtung eines „Teamleiter-Kreises", in dem ein regelmäßiger Erfahrungsaustausch und eine ausgewogene Interessenvertretung gepflegt werden kann. Daraus kann sich dann auch das notwendige Vertrauensverhältnis zwischen den Teams manifestieren, das für Offenheit sorgt in Bezug auf Absichten und Vorgehensweisen sowie eigene Stärken und Schwächen. Fehlt in einem Unternehmen den Teamleitern dieses Bewusstsein der kooperativen Abhängigkeit, der Notwendigkeit, Informationen zu teilen, Ideen auszutauschen und sich gegenseitig zu unterstützen, dann dominiert Konkurrenz anstelle von Kooperation. Wenn aber die einzelnen Teams bzw. Teamleiter eines Unternehmens einen Konkurrenzkampf austragen, sei es offen oder unterschwellig, dann entsteht eine sehr problematische „Sieger-Verlierer-Konstellation“. In den Teams besteht die Auffassung, dass es seine Interessen nur auf Kosten anderer Teams durchsetzen kann, und dementsprechend destruktiv gestalten sich die gegenseitigen Beziehungen. Ob es nun um neue Informationen oder die Aufteilung von Mitteln geht, die Teams werden ständig versuchen einander auszustechen, wobei oft genug der Schaden, den diese Verhaltensweisen für das gesamte Unternehmen auslösen, außer Acht gelassen wird.

(6) Vorgabe klarer Richtlinien durch die Unternehmensführung:

Hier gilt es für die Unternehmensführung die goldene Mitte zu finden zwischen Spielraum und Grenzen für die Teamaktivitäten. Auf der einen Seite steht das Bedürfnis der Unternehmensführung, die eigene Angst, die Teams könnten außer Kontrolle geraten und Chaos anrichten, vernünftig zu beschränken. Auf der anderen Seite steht das Bewusstsein, dass zu starke Reglementierung die ungehinderte Entfaltung der im Team enthaltenen Potentiale stört.

Prinzipiell kann Teamarbeit nur effektiv sein, wenn die Unternehmensführung es versteht, zwischen sich und den Teams ein entsprechendes Vertrauensverhältnis und ein Klima der Innovationsbereitschaft, Risikofreude und Offenheit aufzubauen.

Dies kann das obere Management am besten erreichen, indem es (vgl. *Hastings, Bixby, Chaudry-Lawton 1986, Antoni 2000, Maxwell 2013*):

- möglichst wenig über die Köpfe der Teammitglieder hinweg plant und entscheidet und nach dem Prinzip, „Betroffene zu Beteiligten“ machen, dem Team die Planung des Projektes möglichst weitgehend selbst überlässt,
- den Teams Vertrauen entgegenbringt, eine gewisse Autorität und Handlungsfreiheit einräumt und Verantwortung überträgt,
- sich auch gegenüber ungewöhnlichen Ideen der Teams prinzipiell aufgeschlossen zeigt und bereit ist, vom Team zu lernen anstatt sich durch dessen Eigenmächtigkeit bedroht zu fühlen,

- auch einmal das Gefühl der Ungewissheit und Angst aushält und darauf vertraut, dass das Team die klar gesetzten Grenzen nicht überschreitet und seine Anweisungen befolgt,
- Geduld zeigt mit dem Team und dieses nicht drosselt, sobald Probleme auftreten, es Risiken eingeht oder nur langsame Fortschritte macht,
- seinen Teams immer wieder den Rücken stärkt und für deren Arbeit jederzeit einsteht,
- hinter seinen Forderungen an das Team steht und diese ebenso ernst nimmt wie das Team selbst und
- bereit ist, dem Team, wenn nötig und möglich, Hindernisse aus dem Weg zu räumen.

Liefert die Unternehmensführung ihren Teams derartige Beweise von Überzeugung, Vertrauen und Bereitschaft, dem Team genügend Verantwortung und Autonomie zu übertragen, wird sich das in jedem Fall auf die Initiative der Teams positiv auswirken.

(7) **Eindeutige Auftragsdefinition:**

Jedes Team muss einen sinnvollen und unmissverständlich formulierten Auftrag erteilt bekommen sowie eine klare Vorstellung über Ziele und Tätigkeiten der anderen Teams besitzen. Die einzelnen Teamziele müssen ferner mit dem übergeordneten Unternehmensziel voll in Einklang stehen.

(8) **Durchführung vorbereitender personeller Maßnahmen:**

Teamarbeit fordert von allen Beteiligten Teamfähigkeit, etwas, was leider weder an unseren Schulen noch an unseren Universitäten gelehrt wird. Im Gegenteil, das dort herrschende Leistungssystem fördert gerade die Denkweise, die das größte Hindernis für Teamarbeit darstellt: Konkurrenzdenken. Dass jedoch eine Haltung, die über Jahre hinweg im gesamten Ausbildungsverlauf trainiert wird, nicht über Nacht und nicht allein durch den Einsatz in einem Teamprojekt „umgekrempelt" werden kann, ist wohl unbestritten. Dementsprechend muss ein Unternehmen, dass sich für Teamorganisation entscheidet, seinen Mitarbeitern Gelegenheit geben, die dafür erforderliche Teamfähigkeit als ein Bündel sozialer, fachlicher, methodischer und lernerischer Kompetenzen zu erwerben. Im Klartext bedeutet das, dass für die Betroffenen ein ausgearbeitetes Weiterbildungsprogramm zu den entsprechenden Themen angeboten werden muss.

Alle diese Vorkehrungen haben die Förderung und die optimale Einbindung der Teams in die Gesamtorganisation des Unternehmens zum Ziel. Sie stellen organisatorisch und strukturell sicher, dass ein überwiegend teamorganisiertes Unternehmen trotzdem eine Einheit bleibt und nicht in lauter kleine „Teamsatelliten“ zerfällt, die zwar alle um denselben Unternehmenskern kreisen, untereinander aber nicht mehr in Verbindung stehen. Unternehmenserfolg ist aber nun gerade auch davon abhängig, dass „die eine Hand weiß, was die andere tut“.

Da die Teamorganisation mit dem offeneren Führungssystem an die Beteiligten höhere Anforderungen stellt als die Linienorganisation, ist es darüber hinaus erforderlich, dass die Unternehmensleitung die **Rollen aller Beteiligten,** einschließlich ihrer eigenen als Auftraggeber, klar umreißt hinsichtlich **Aufgaben, Kompetenzen** und **Verantwortung.**

In der Rolle des Auftraggebers für die Teams entscheidet das Top-Management über Annahme und Vergabe von Projektaufträgen auf der Basis unternehmerischer Gesichtspunkte sowie über Fortführung (Meilensteingenehmigung) und Ende von Projekten im Regel- und Konfliktfall.

Außerdem fallen in den Zuständigkeitsbereich des Auftraggebers:

- Initiative für die Gründung eines Teams und Definition des Teamauftrages,
- Festlegung der Entscheidungszäsuren und Vereinbarung von Meilensteinen,
- Ernennung und Abernennung des Teamleiters,
- Führung des Teamleiters in allen Projektbelangen,
- Entgegennahme der regelmäßigen Statusberichte der Teams und deren Beurteilung,

- Kommunikation von Unternehmens-Strategie und Projekt-Prioritäten gegenüber den Teamleitern,
- Konfliktregelung zwischen Projekten bzw. zwischen Projekt- und Linien-Interessen,
- Abstimmung der Teamlandschaft mit den übrigen Teams,
- Vertretung der Projekte gegenüber den verantwortlichen Stellen,
- Bereitstellung der Rahmenbedingungen und Ressourcen,
- Festlegung und Überprüfung der Projekt-Prioritäten und somit des Ressourceneinsatzes und
- Entscheidung über Korrekturen der Zielsetzung, Auflösung des Teams, bzw. Abbruch des Projektes z. B. bei aussichtsloser Zielerreichung.

Zu beachten ist, dass der Auftraggeber ansonsten in das laufende Teamgeschehen nicht eingreifen sollte!

Bereichs- und hierarchieübergreifende Kooperation sind die Voraussetzungen für effiziente Teamarbeit. Damit hierarchieübergreifende Kommunikation und Kooperation funktionieren kann, müssen alle Beteiligten neue Verhaltensmuster erwerben:

Die Führungskräfte beharren nicht länger auf ihren „hierarchischen Rechten", sondern handeln im Sinne eines partnerschaftlichen Führungsverständnisses sachbezogen und kooperativ nach den gemeinsam vereinbarten Spielregeln. Andererseits müssen Teamleiter und Teammitglieder innere Blockaden und persönliche Unsicherheiten gegenüber Führungskräften erkennen und abbauen.

Teamarbeit verlangt also kooperatives Verhalten aller. Jedoch haben gerade die Entscheidungsträger die Möglichkeit, den Einfluss der Hierarchie auf die Teamarbeit zu analysieren, um über Verbesserungen zu reden. Nur durch gemeinsame Gespräche wird letztlich Veränderung erreicht.

Wichtig erscheint außerdem ein ausgeprägtes Bewusstsein der Entscheidungsträger, dass ihr Verhalten erheblichen Einfluss auf die Teamarbeit und den Teamleiter hat. Die Macht der einen kann die Ohnmacht der anderen bedeuten, je nachdem, wie mit der Macht umgegangen wird. Es liegt in jedem Fall beim Top-Management, strukturelle Probleme zu erkennen, passende Lösungen zu fördern und eine „Unternehmensphilosophie“ zu begründen, die abteilungsübergreifendes, ganzheitliches Denken und Handeln unterstützt und „Tellerranddenken“ verpönt.

Die Fachgebiets-/Funktionsleiter – Führen durch Zielvereinbarung

In der Teamorganisation spielt der Fachgebiets-/Funktionsleiter häufig eine Doppelrolle – die des Linien-Fachvorgesetzten und die des Verantwortlichen für die Technologie einer Summe von Arbeitspaketen. Da diese Doppelrolle unvermeidbar ist, liegt es an der Person des Fachgebietsleiters, dieses systemimmanente Spannungspotential möglichst gering zu halten – also sich seiner Doppelrolle bewusst zu sein und selbstkritisch mit ihr umzugehen.

Generell fällt dem Funktionsleiter die Unterstützung von innovativen Ideen und Projekten und die Mitarbeit an ständiger Verbesserung der Aufbau- und Ablauforganisation zu. Schwerpunktmäßig obliegt ihm die Nutzung von Ertrags-, Leistungs- und Effizienzpotentialen und die Verantwortung für Ressourcen und Know-how für die Projektrealisierung. In seinen Zuständigkeitsbereich fallen konkret:

(1) **Technologiemanagement:**

Erkennen, Aufgreifen und Umsetzen von technologischen Innovationen in den Projekten.

(2) **Personalführung:**

des/der Teamleiters/Arbeitspaketverantwortlichen und der Pool-Mitarbeiter (nicht bei eigenständigen Projektgruppen), Mitarbeiterentwicklung und Mitarbeiterqualifizierung. Das bedeutet im Einzelnen:

- Mitarbeiter führen und beurteilen,
- Beurteilungen koordinieren und eventuell mehrere zusammenfassen,
- Mitarbeiter für Transfer freistellen und für bereichsübergreifende Aufgaben schulen,

- Wissen vermitteln und die ausreichende Qualifikation seiner Mitarbeiter durch ständige Aus- und Weiterbildung sichern,
- Mitarbeiter fördern, schützen und stärken,
- Mitarbeiter umfassend und rechtzeitig informieren und zum Erfahrungsaustausch anregen, um Doppelarbeit zu vermeiden, und
- Entlohnung gestalten und koordinieren.

(3) **Projekt-Planung:**

Strategie- und Konzeptentwicklung, fachliche Unterstützung des Teamleiters (Pflichtenheft), Bereitstellung von qualitativ und quantitativ ausreichender Kapazität, Entscheidung über Eigen- oder Fremdleistung in Abstimmung mit dem Teamleiter. Dazu gehört außerdem:

- Kapazitäten planen (inkl. Mitarbeiter),
- übergreifende Urlaubsplanung erstellen,
- Ressourcen (Werkzeuge, Hilfsmittel) beschaffen,
- Einzelbudgets zusammenführen und Gesamtbudget planen und verantworten und
- Ziele und Kompetenzen vereinbaren.

(4) **Projekt-Kontrolle:**

technische und terminliche Verantwortung für fachgebietsspezifische Arbeitspaketinhalte, Aufzeigen von Abweichungen und Problemen gegenüber dem Arbeitspaketverantwortlichen bzw. Teamleiter. Des Weiteren:

- Standards (z. B. Konstruktions-/Fertigungsstandards) festlegen,
- Einhaltung von Standards teamübergreifend verfolgen und
- Umfeld umfassend und rechtzeitig informieren.

Generell empfiehlt es sich, folgende Aufgaben den Fachfunktionen zu übertragen:

- **Unterstützungs-Leistungen**, wie z. B.: Sekretariatsarbeiten, Verwaltungsaufgaben, Normen, Spezifikationen, Schutzrechte.
- **Sonderaufgaben**, wie z. B.: Spezialisierte Fachpräsentationen vorbereiten, Audits planen.

- **Einzelaufgaben**, wie z. B.: Aufgaben, die ein einzelner Mitarbeiter abarbeiten kann.
- **Spezial-Aufgaben**, wie z. B.: Spezialberechnungen, Dokumentationen, Marktdaten erfassen.
- **Koordinierungen**, wie z. B.: Standards festlegen und pflegen.

Die Teamleiter – Führen durch Aufgaben- und Prozesssteuerung

Der Teamleiter nimmt innerhalb der Teamorganisation eine besondere Stellung ein. Der Auftraggeber setzt das volle Vertrauen in das unternehmerisch verantwortungsbewusste Handeln des Teamleiters. Es liegt in der Verantwortung des Teamleiters, die ihm zur Verfügung stehenden Freiräume wie Führung von Mitarbeitern, Planung des Projektablaufes, Wahl der Projektorganisation und zielbewusste Vorgehensweise hinsichtlich eines optimalen Projekterfolges kreativ zu nutzen.

Zur Ausübung seiner Aufgabe wird der Teamleiter selten mit Kompetenzen ausgestattet, die ihm die notwendige Souveränität verleihen. Deshalb spricht man hier von der besonderen **IOWA** Herausforderung (**„Influencing others without authority“**). Er plant, kontrolliert und steuert die Phasen des Projektes und übernimmt die Führung des Teams (Information, Abstimmung, Beurteilung) sowie die Koordination zwischen allen in- und extern beteiligten Stellen ohne immer die disziplinarische Zugriffsberechtigung zu haben. Eng damit verbunden ist die Verantwortung für die Einhaltung der Qualitäts- (= Produkt-), Ressourcen- und Termin-Ziele des Projektes. Die Rolle des Teamleiters ist sehr vielschichtig und zu seinen Aufgaben können zählen:

- **repräsentieren** des Teams gegenüber dem Rest des Unternehmens sowie Kunden,
- **integrieren** im Sinne der Abstimmung der unterschiedlichen Ziele aller am Teamprojekt Beteiligten,
- **organisieren** der Vielzahl von Bedingungen rund um Projektplanung, -steuerung, -verfolgung und -abschluss,

- **koordinieren** der Teammitglieder und ihren Fähigkeiten und Fertigkeiten im Teamalltag,
- **kommunizieren** mit den Teammitgliedern und allgemein den Erfahrungs- und Informationsaustausch im Team fördern,
- **moderieren** der Teambesprechungen,
- **balancieren** in Bezug auf Konflikte im Team und die verschiedenen Interessen aller am Teamprojekt Beteiligten und
- **motivieren** der Teammitglieder, des Auftraggebers und der eigenen Person.

Wegen der überaus großen Bedeutung des Teamleiters für den Teamerfolg ist der Beschreibung seiner Aufgaben das gesamte Kapitel 3 gewidmet.

Die Teammitglieder – Teamfähigkeit und Selbstverantwortung lernen

Je nach Komplexität eines Projektes wird es mehr oder weniger stark in Teilumfänge strukturiert, für die jeweils ein verantwortliches Teammitglied benannt wird. In den meisten Fällen bietet sich eine Strukturierung in eigenständige Funktionsumfänge (Systemumfänge) an, die zusammengefügt ein funktionsfähiges Gesamtsystem ergeben; d. h. Schnittstelle ist i. d. R. nicht das Fachgebiet oder die Konstruktionsgruppe, sondern der meist interdisziplinäre Funktionsumfang.

Grundsätzlich verfahren die „Arbeitspaketverantwortlichen" innerhalb ihres Projektumfanges weitgehend analog dem Teamleiter. Ihr Auftraggeber ist die jeweils höhere Strukturebene, meist der Teamleiter. Die Arbeitsinhalte verschieben sich vom Teamleiter (primär prozessorientierte Aufgaben) zum Arbeitspaketverantwortlichen (primär technisch-inhaltliche Aufgaben) (Abb. 16).

Die Aufgaben der einzelnen Teammitglieder ergeben sich konkret aus der Aufgabenstellung des Teamauftrages. Mögliche Teilaufgaben sind:

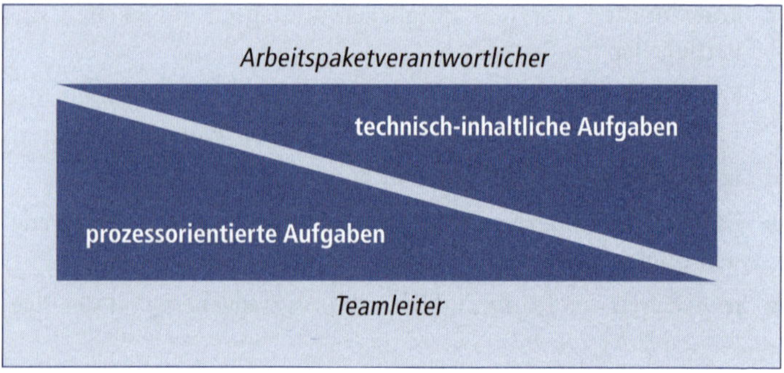

Abb. 16: Aufgabenschwerpunkte für Teamleiter und Teammitglieder

- Verantwortung für die **zielgerichtete Umsetzung** der Aufgabe,
- **Mitarbeit bei Projektauftrag und Projektplanung:** Strukturierung in Aufgaben, Ablauf-, Kapazitäts-, Kosten- und Terminplanung in Abstimmung mit den Fachgebietsleitern und dem Teamleiter,
- flexible **Anpassung der Planung** bei Prioritätenänderung,
- **Kontrolle**: Aufzeigen von Problemen innerhalb des Arbeitspaketes gegenüber dem Teamleiter und Fachgebietsleiter,
- **Berichterstattung**: Information von Teamleiter und Fachgebietsleiter über die Aktivitäten innerhalb des Arbeitspaketes, Statusbericht auf Anforderung des Teamleiters, Dokumentation, Protokollieren von Ergebnissen und Beschlüssen,
- **Gestaltung des Informationsflusses**: Einholung von notwendigen Informationen für die Projektarbeit und Verfügbarmachen von Linien-Know-how (auch projektübergreifend),
- **Steuerung**: Herbeiführen von Entscheidungen und Umsetzen von Beschlüssen innerhalb des Arbeitspaketes,
- **Ausführung** des Arbeitspaketes in Abstimmung mit den Fachgebietsleitern und
- eventuell Projektarbeit in einem **weiteren Projekt/Arbeitspaket.**

Jedes Teammitglied ist also für die korrekte und zielgerichtete Erfüllung der ihm übertragenen Aufgaben sowie für die Qualität seiner

Leistung und damit für das Gesamtergebnis des Teams verantwortlich! Hierfür wird vom Teammitglied erwartet, dass es

- sich voll in das Team einbringt,
- das eigene Wissen und die eigenen Erfahrungen an die anderen Teammitglieder weitergibt,
- alle Aufgaben übernimmt, die durch das entsprechende Können und Wissen erledigt werden können,
- die eigenen Fähigkeiten durch Lernen von den anderen Teammitgliedern erweitert,
- die Spielregeln einhält,
- das Team und den Teamleiter in allen Belangen unterstützt,
- die persönlichen Ziele dem Ziel des Teams unterordnet,
- aktiv an Verbesserungen mitarbeitet,
- sich aktiv an der Erstellung von Vorschlägen für Schulungs- und Weiterbildungsmaßnahmen beteiligt,
- sich bei der Erstellung des Urlaubsplanes engagiert und
- mit den anderen Teammitgliedern den Arbeitsablauf im Team organisiert.

Die Aufgabe ist erst mit Erreichung der Teamziele erfüllt.

Das **Fazit** aus den vorangegangenen Darstellungen zu den „Wegbereitern und Stolpersteinen" ist:

Innerhalb der vier Bereiche – Unternehmen, Teamprojekt, Team und Teammitglied – müssen in einem Unternehmen vielfältige Voraussetzungen erfüllt sein, damit Teamarbeit überhaupt funktionieren kann. Diese Voraussetzungen sind in traditionellen Linienorganisationen vielfach nicht gegeben, d. h. es müssen dort systematisch teilweise tief greifende Veränderungen vorgenommen und zahlreiche Vorkehrungen getroffen werden, damit Teamarbeit überhaupt funktionieren kann.

„Medium" dieser Umgestaltung sind in der betrieblichen Praxis die mittleren Führungskräfte. Als Bindeglied zwischen der Basis und der Unternehmensführung nehmen sie eine zentrale Stellung bei der Umorganisation ein, denn:

Einerseits besitzen sie die Nähe zu den Mitarbeitern, die für die zweckmäßige Gestaltung der Erfolgsvoraussetzungen rund um Teamprojekt, Team und Teammitglied unverzichtbar ist.

Andererseits haben sie gleichzeitig den nötigen Kontakt zur Geschäftsleitung, der für die Schaffung teamgerechter, unternehmerischer Rahmenbedingungen bedeutsam ist.

Gerade in diesem Zusammenhang stößt man nun in der Praxis auf den kritischen Punkt. Tatsächlich scheitert erfahrungsgemäß die Einführung von Teamorganisation weniger an der Innovationsfeindlichkeit der Mitarbeiter als an dem **massiven Widerstand des mittleren Managements**. Dies wird verständlich, wenn man Folgendes bedenkt:

Teamarbeit bringt die Aufhebung von Hierarchien mit sich und die Führungskräfte der mittleren Ebene sind davon am stärksten betroffen. Sie werden in ihren Funktionen als Führungskräfte und Vorgesetzte im herkömmlichen Sinne „überflüssig". Die Arbeit im Team stellt sie mit ihren ehemalig untergebenen Mitarbeitern auf eine Ebene – sie sollen sich als gleichberechtigte Teammitglieder in die Reihe ihrer Mitarbeiter einfügen. Die Führungsfunktion ist nicht länger an ihre Person allein gebunden, sondern wird, situativ angepasst, auf das ganze Team verteilt. Außerdem fallen ihre traditionellen Aufgaben, wie z. B. Überwachung und Kontrolle der Aufgabenerledigung, Tragen der Gesamtverantwortung für die Leistungen der Mitarbeiter etc., größtenteils weg und werden durch eine Reihe neuartiger Aufgaben ersetzt. Dieser drastische Wandel der Rolle der mittleren Führungskräfte löst massive Ablehnung von Teamorganisation aus, solange die mit dem Autoritäts- und Aufgabenverlust verbundenen Ängste dieser Führungskräfte nicht entsprechend thematisiert werden.

Demnach erfordert die erfolgreiche Einführung von Teamorganisation außer der Herstellung der in diesem Kapitel 2 genannten Voraussetzungen noch die optimale Einbindung der mittleren Führungskräfte in diesen Umgestaltungsprozess. Das bedeutet konkret, dass ihnen ihre neue Rolle in der Teamorganisation und deren Bedeutung für den Teamerfolg voll bewusst gemacht wird und sie gründlich mit ihren neuen Aufgaben und den damit verbundenen Herausforderungen vertraut gemacht werden.

Welche neuen Aufgaben- und Tätigkeitsbereiche auf die mittleren Führungskräften bzw. die neuen Teamleiter warten und welches Handwerkszeug sie für ihre erfolgreiche Bewältigung brauchen, ist Gegenstand des 3. Kapitels.

3. Kapitel

Der Teamleiter

Teamleiter werden eine neue Gruppe von Führungskräften darstellen, die sich sowohl aus der bisherigen Führungsmannschaft des mittleren Managements als auch aus den bisherigen Mitarbeitern mit hohem Fach- und Führungspotential zusammensetzt. Ihr Selbstverständnis und ihre Kompetenz liegen dabei je nach Aufgabe und Intention des Teams im Spannungsfeld zwischen Führungskräftekreis und Mitarbeiterschaft (Abb. 17).

In den folgenden Ausführungen wird die **neue Führungsrolle** des Teamleiters näher beleuchtet. Dabei bleiben die formalen personalorganisationsbezogenen Funktionen von Führungskräften, wie z. B. die Beurteilung von Mitarbeitern, bewusst unberücksichtigt. Sie gehören eher zu den klassischen Führungsaufgaben, die jeweils firmenspezifisch gehandhabt werden.

An dieser Stelle werden vor allem die Führungsaufgaben ins Licht gerückt, die insbesondere mit dem Konzept der Teamarbeit verbunden sind. Dies sind in erster Linie auch psychosoziale Funktionen des Teamleiters, wie sie im hierarchischen Führungsverständnis nicht so stark im Vordergrund stehen.

Als Teamleiter wird im Folgenden deshalb derjenige bezeichnet, der entweder von der Unternehmensleitung oder vom Team selbst **offiziell** mit der Bildung, Steuerung, Unterstützung, Entwicklung und Einbindung eines Teams betraut wurde. Die Ausrüstung des Team-

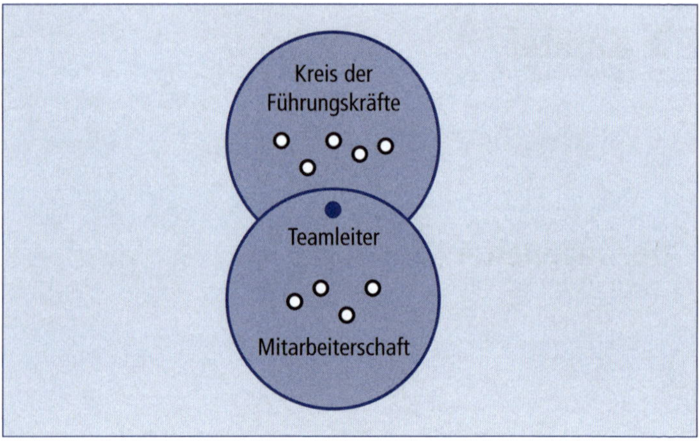

Abb. 17: Das Spannungsfeld des Teamleiters

leiters mit Kompetenzen reicht in der Praxis von der Zuweisung voller disziplinarischer Rechte („Heavy Project Manager“) bis hin zur Verleihung lediglich der Sprecher-Kompetenz für das Team (Teamsprecher). Die Kompetenzzuweisung erfolgt dabei entweder von den Auftraggebern in der Hierarchie (Geschäftsleitung oder Fach-/Funktionsleitung) oder dem Team selbst. Je nach der verliehenen Kompetenz „von oben“ („Heavy Project Manager“) oder „von unten“ (Teamsprecher) spielt der Teamleiter in der Praxis die Rolle des „primus inter pares“. Manchmal kaum mit Befehlsautorität ausgestattet, muss er vergleichbar mit einem Moderator das Teamgeschehen lenken und fördern. Im Sinne des Team-Management-Kreises (siehe Kapitel 2.3) übernimmt er dann schwerpunktmäßig die Funktion des **„Linkers“**, der für Unternehmen, Teamprojekt, Team und Teammitglieder unterstützend und verbindend wirkt. „Führen“ heißt für einen Teamleiter also oft **„Führen ohne disziplinarischen Zugriff“**. Es gilt dann für ihn allein mit Hilfe methodisch-didaktischer, sozial-kommunikativer und persönlicher Kompetenz umfassende Koordinationsarbeit zu leisten.

Damit das Team zu seiner vollen Entfaltung kommen kann und sein Bestand nicht schon zu Projektbeginn durch Orientierungsprobleme oder die Nicht-Bewältigung wichtiger gruppendynamischer Prozesse gefährdet ist, bedarf es häufig zusätzlich zum Teamleiter eines erfahrenen Managers als **„Entwicklungshelfer" bzw. Coach**. Dies ist insbesondere dann der Fall, wenn die Teammitglieder eines neu gegründeten Teams noch keine oder nur wenig Erfahrung mit dieser Arbeitsform besitzen. In der Praxis fällt diese Rolle meist einem Funktionsleiter zu.

So groß die Anzahl und so komplex die Wechselwirkungen der Erfolgsfaktoren für Teamarbeit sind, so facettenreich stellt sich die Funktion des Teamleiters dar. In Bezug auf

- die Teamaufgabe als den zu bewältigenden Auftrag,
- das Team als zu koordinierende Einheit,
- das organisatorische Umfeld als Gesamtheit der relevanten unternehmerischen Rahmenbedingungen und
- das Teammitglied als zu betreuendes Individuum ergeben sich für den Teamleiter acht wichtige Funktionen (Abb. 18):
- Repräsentieren

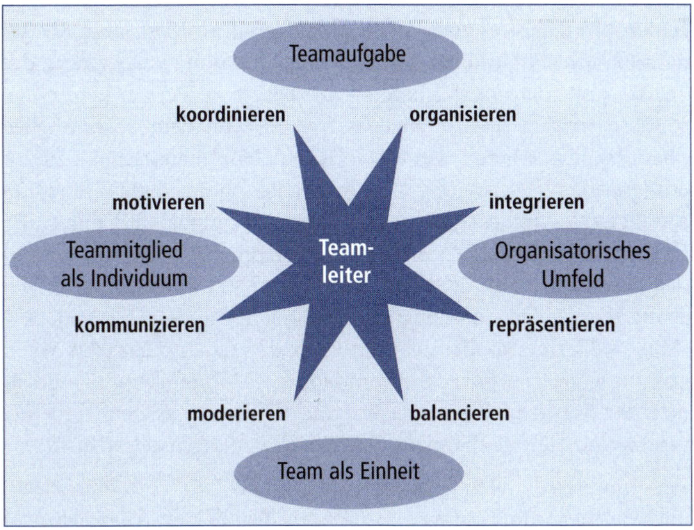

Abb. 18: Funktionen des Teamleiters

- Integrieren
- Organisieren
- Koordinieren
- Kommunizieren
- Moderieren
- Balancieren
- Motivieren

Das alleinige Management aller Gegebenheiten rund um das Team ruht jedoch nur in der ersten Zeit nach der Teambildung voll auf dem Teamleiter. Mit zunehmend höherem Entwicklungsstand und Reifegrad des Teams können sich die genannten Managementaufgaben allmählich trotz eines offiziellen Teamleiters gleichmäßig auf alle Teammitglieder verteilen. In Bezug darauf ist ein eingespieltes Team unter anderem daran zu erkennen, dass es sich weitgehend selbst organisiert.

Insofern ist der Begriff „Teamleiter" in einer **echten Teamorganisation** irreführend, ja sogar ein Widerspruch in sich. Denn: In einem echten Team gibt es zwar einen offiziellen Teamleiter, aber die genannten acht Funktionen der „Führung" im Sinne von **Leitung des Teams sind nicht ausschließlich an diese eine Person gebunden**, sondern werden situativ angepasst jeweils von dem Teammitglied übernommen, das mit den besten Kompetenzen ausgestattet ist zur erfolgreichen Bewältigung der momentan bestehenden Situation („rollierendes Führungsprinzip"). Diese Art der Handhabung der Führungsfunktion setzt jedoch neben entsprechenden Kompetenzen der einzelnen Teammitglieder einen gewissen Grad an Reife des Teams voraus. Diesen erlangt ein Team nicht mit dem Tag seiner offiziellen Bildung, sondern erst im Laufe der Zusammenarbeit, wenn grundlegende Konflikte überwunden, das Normengefüge ausgebildet, die Rollenverteilung geklärt, die Sachkompetenzen eindeutig verteilt und die zwischenmenschlichen Beziehungen gefestigt sind.

Was hinter jeder der genannten Funktionen im Einzelnen steckt und welche Anforderungen sie an den Teamleiter stellen, wird in den folgenden Kapiteln aufgezeigt.

3.1 Repräsentieren

Jedes Team braucht einen **„Außenminister“**, der als Bindeglied zwischen dem Team und dem restlichen Unternehmen fungiert und als **„Sprachrohr“** des Teams dessen Interessen angemessen vertritt (Abb. 19).

Als „Außenminister“ des Teams bemüht sich der Teamleiter um die Durchsetzung der verschiedenen Teaminteressen, wie z. B.:

- Erweiterung der Handlungs- und Entscheidungskompetenz für bestimmte Bereiche,
- Aufstockung der personellen Ausstattung,
- Erhöhung des Zeit- und Finanzbudgets,
- Bereitstellung von Mitteln zur Verwirklichung neuer Ideen,
- Unterstützung bei speziellen fachlichen Problemen und
- Verbesserung der Abstimmung von Terminen und Aufgaben mit anderen Teams und Abteilungen.

Verhandlungspartner sind für den Repräsentator, je nachdem, um welchen Sachverhalt es geht, die Geschäftsleitung, Vorgesetzte, Leiter anderer Teams, Mitglieder anderer Abteilungen usw. Er tritt in seiner Funktion als Sprachrohr des Teams auf:

- bei offiziellen Anlässen, wie z. B. allgemein einberufene Besprechungen oder Erfolgs- und Lageberichte an die Geschäftsleitung,
- zum Vorbringen richtungweisender Absichten des Teams, die auch die Arbeit anderer Teams/Abteilungen betreffen, wie z. B. Vorschläge zur Veränderung von Arbeits- und Ablauforganisation, wie sie sich aus der Sicht des Teams darstellen, und
- wegen aktuellen Notwendigkeiten, wie z. B. mehrfacher Personalausfall, nicht mehr aus eigener Planung des Teams zu behebender Ressourcenknappheit.

Im Einzelnen lassen sich außerdem z. B. folgende Aufgaben nennen, die mit dem „Amt des Außenministers“ verbunden sind:

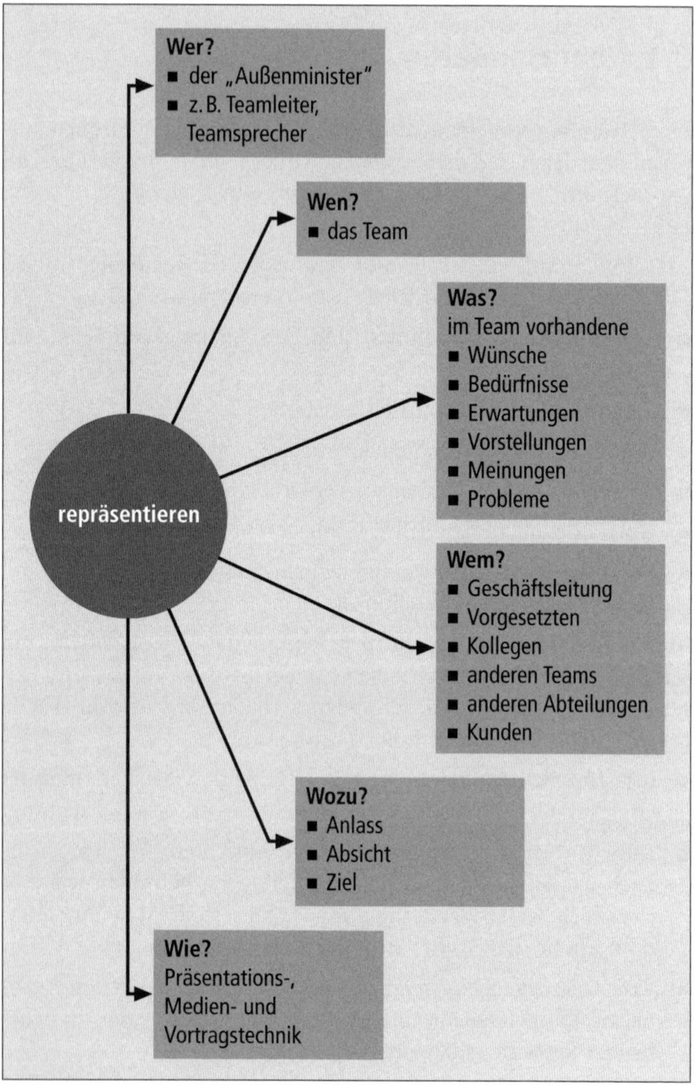

Abb. 19: Repräsentationsaufgabe des Teamleiters

- Er informiert sich gründlich über die Teamsituation und das Teamgeschehen,
- er sammelt Anliegen und Probleme der Teammitglieder und hält sie schriftlich fest,
- er filtert die im Team vertretenen Interessen und Meinungen heraus und bündelt sie,
- er stimmt mit dem Team ab, welche Anliegen er nach außen tragen soll,
- er entwirft mit den Teammitgliedern gemeinsam eine Strategie für die Verwirklichung der Teaminteressen,
- er klärt die Erwartungen der Teammitglieder hinsichtlich seines Vorgehens und Auftretens bei der Aushandlung von Kompromissen,
- er bereitet die Präsentation von Interessen, Problemen und Ergebnissen des Teams fachmännisch vor und führt sie auch sach- und zuhörergerecht durch,
- er verhandelt über konkrete Forderungen und Problemlösungen für das Team,
- er meldet Verlauf und Ergebnis von Präsentation und Verhandlungen an das Team zurück,
- er trifft Maßnahmen zur Entwicklung und Pfleges des Team-Images und
- er hält regelmäßigen Kontakt zu den für das Team wichtigen Personen.

Repräsentieren ist zwar nicht exakt gleichzusetzen mit präsentieren, in der Praxis geht es jedoch vor allem darum, die Belange des Teams so „an den Mann" zu bringen, dass sich die gewünschte Wirkung ergibt. Eben dafür ist es unentbehrlich, dass der Teamleiter Grundsätze der Präsentations-, Medien- und Vortragsmethodik kennt und passende Techniken einsetzen kann. Dazu gehört:

- Präsentationen unter Berücksichtigung wichtiger Leitfragen bzgl. Inhalt, Zielgruppe, Methode systematisch vorbereiten und professionell durchführen können,

- Technik der Visualisierung kennen und anwenden können,
- Medien sinnvoll einsetzen und sicher damit umgehen können und
- Rahmenbedingungen gezielt planen und organisieren können.

Wörtlich übersetzt bedeutet Präsentation **„ein Geschenk überreichen"**.

Verpackt wie ein Geschenk sollten die Informationen sein, die der Präsentator übermitteln will, damit sichergestellt ist, dass seine Zuhörer auch ganz Ohr sind. Tricks, die hierbei dem Teamleiter nützlich sein können, beziehen sich auf:

- Inhalt
- Zielgruppe
- Ziel
- Zeit
- Methode
- Medien
- Rahmenbedingungen

Ziel des „Repräsentators" ist die Optimierung der unternehmerischen Rahmenbedingungen für Teamerfolg. Er versucht seinem Teams möglichst viele Hindernisse aus dem Weg zu räumen und organisatorisch beste Voraussetzungen für das Team auszuhandeln. Dabei kann er jedoch nicht „über Leichen" gehen. Da er einerseits der Durchsetzung der Interessen seines Teams verpflichtet ist und andererseits gleichzeitig Mitverantwortlicher für den Unternehmenserfolg ist, muss er Kompromisse aushandeln, die er sowohl nach innen seinem Team gegenüber als auch nach außen seinen Vorgesetzten, Kollegen etc. gegenüber vertreten kann. Damit ist eine weitere wichtige Funktion angesprochen, die im Team unbedingt erfüllt sein muss: **integrieren**.

Goldene Regeln für eine erfolgreiche Präsentation

(1) Gliederung des Inhaltes

logisch: 1.→2.→3.
(z. B. Ursache und Wirkung)

chronologisch: damals→heute→in Zukunft

psychologisch:
1. Wunsch wecken
2. Mangel bewusst machen
3. Lösung anbieten
4. Nutzen maximieren bzw. Schaden minimieren
5. Handlungsaufforderung

oder nach der AIDA-Formel:
A = Attention (Aufmerksamkeit wecken)
I = Interest (Interessen wecken)
D = Desire (Wunsch erzeugen)
A = Action (zur Handlung auffordern)

(2) Die Gliederung sichtbar machen!
- Auf der Flipcharttafel
- An der Tafel
- Mit dem Overhead-Projektor

(3) Die Gliederung hören lassen!
- Sagen Sie, wo sie gerade sind
- Wiederholen Sie
- Fassen Sie zusammen
- Kündigen Sie wichtige Punkte an

Abb. 20: Goldene Regel für eine erfolgreiche Präsentation

3.2 Integrieren

Teamerfolg wird auch davon bestimmt, wie gut es dem Teamleiter gelingt, aus den einzelnen Teammitgliedern ein Team zu formen und dieses Team in die Einheit „Unternehmen" einzufügen. Der Teamleiter muss also in zweifacher Weise als **Ziel-Integrator** wirken: einerseits in seinem eigenen Team in Bezug auf den Zusammenhalt der Teammitglieder und andererseits in Bezug auf die Eingliederung des Teams in das Unternehmen.

Der Teamleiter hat dafür zu sorgen, dass die Zusammenarbeit im Team, mit den Kunden und mit dem Rest des Unternehmens (anderen Teams, Abteilungen, Vorgesetzten, Kollegen etc.) möglichst reibungslos funktioniert. Dazu heißt es in erster Linie, die Vielfalt unterschiedlicher Ziele aller Beteiligten „unter einen Hut zu bringen", damit nicht Zielkonflikte die Kooperation blockieren. Derartige Integrationsarbeit des Teamleiters ist nichts Einmaliges, sie wird im Laufe des Teamprojektes immer wieder aufs Neue nötig, wenn veränderte Bedingungen eine Kurskorrektur der Team- und Unternehmensziele erfordern. Die Sicherstellung einer einheitlichen Zielorientierung im Team und im Unternehmen machen es sowohl nötig, Teambesprechungen für geeignete integrative Maßnahmen zu nutzen, als auch Einzelgespräche mit Teammitgliedern zu führen, besonders um deren persönliche, berufliche und private Ziele in Erfahrung zu bringen (Abb. 21).

Tätigkeiten des Teamleiters als Ziel-Integrator können sein:

- er analysiert systematisch seine persönlichen privaten und beruflichen Ziele und die seiner Teammitglieder,
- er informiert sich gründlich über Zielsetzung anderer Teams, Abteilungen etc. und bemüht sich um Abstimmung,
- er stellt den Teammitgliedern die Unternehmensziele und den Zusammenhang Teamziel und Unternehmensziele einleuchtend dar,
- er macht den Teammitgliedern den Sinn und die Notwendigkeit einer einheitlichen Zielorientierung klar,
- er verdeutlicht den Teammitgliedern die Relevanz der Erreichung der Unternehmensziele und des Teamziels für ihre persönliche Zielverwirklichung,
- er formuliert ein übergeordnetes, langfristiges Teamziel und außerdem Etappenziele, um sicherzustellen, dass das Team im Laufe der Bearbeitung des Teamauftrages weder Orientierung noch Motivation einbüßt,
- er beteiligt die Teammitglieder an der Zielvereinbarung, er formuliert Ziele mit ihnen zusammen und hält sie schriftlich fest,
- er gibt sein Wissen über die Regeln effektiver Zielvereinbarung an die Teammitglieder weiter und leitet sie zur selbstständigen Zielformulierung für ihren Aufgabenbereich an,
- er führt evtl. Zielvereinbarungsgespräche mit Teammitgliedern,

- er stellt wiederholt sicher, dass allen Teammitgliedern das Ziel des Teamauftrages voll klar und bewusst ist,
- er überprüft die Ziele des Teams laufend auf Messbarkeit, Erreichbarkeit, Präzision und Relevanz und leitet ggf. eine Revidierung der Ziele ein,
- er entwickelt mit den Teammitgliedern zusammen einen Maßnahmenplan zur Zielerreichung,
- er führt eine Ergebnisliste und macht den Teammitgliedern den Stand ihrer Arbeit sichtbar,
- er verteilt Belohnung und Anerkennung für erreichte Ziele und
- er leitet eine Reflexion für die Fälle der verfehlten Zielerreichung ein, formuliert mit den Teammitgliedern Lernergebnisse und neue Aktivitätenpläne.

Damit der Teamleiter diese vielfältigen Aufgaben bewältigen und aus den einzelnen Mitgliedern ein Team formen kann, muss er

- den Unterschied zwischen Zielen und Wünschen, Absichten und Vorsätzen klar erkannt haben,
- wissen, welche Elemente eine wirkungsvolle Zielformulierung enthält,
- Strategien kennen und einsetzen können wie man unterschiedliche Ziele in eine gemeinsame Richtung bringen kann,
- die Fähigkeit besitzen, ein gutes Vertrauensverhältnis zu seinen Teamkollegen aufzubauen und sie persönlich für gemeinsame Ziele zu begeistern,
- selbst überschaubare Risikofreudigkeit zeigen und
- Überzeugungskraft beweisen.

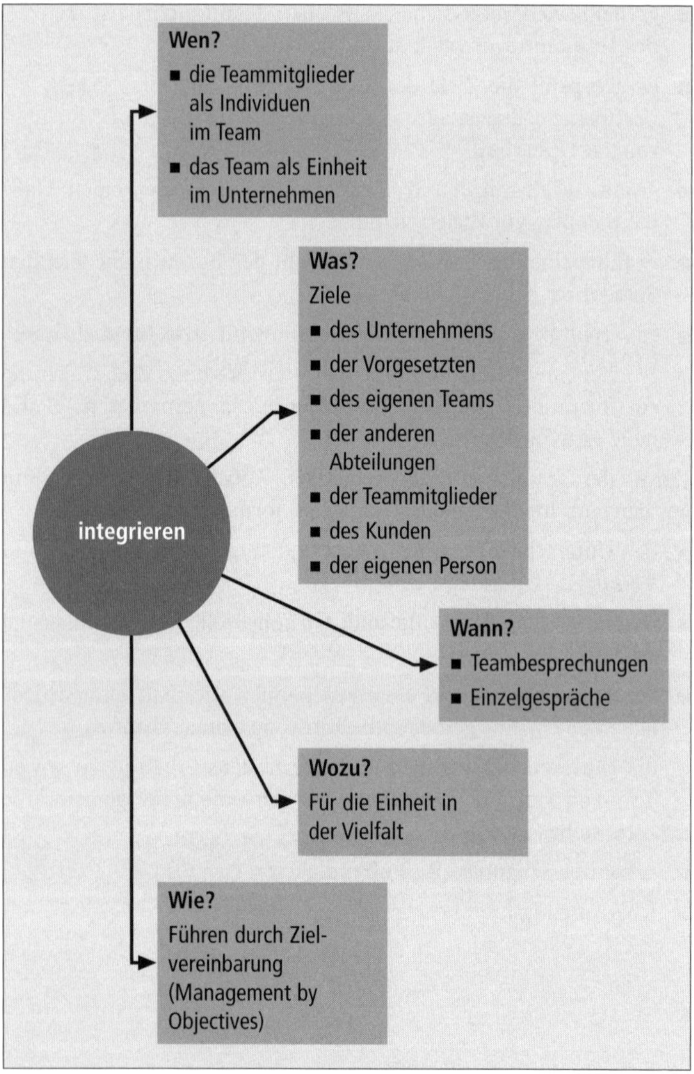

Abb. 21: Integrationsaufgabe des Teamleiters

Check-Up im Team: Zielorientierung

(1) Begriffsbestimmung
- Was heißt für uns Zielorientierung?
- Warum ist Zielorientierung für uns wichtig?
- Wie unterscheiden wir uns in unserer Zielorientierung von anderen Teams/Abteilungen im Unternehmen?

(2) Standortbestimmung
- Wer sind die Abnehmer unserer Teamleistungen?
- Was sind deren konkrete Erwartungen an uns?
- Was ist das gewünschte Normverhalten für jeden Einzelnen unseres Teams?

(3) Situationsanalyse
- Was machen wir bislang in unserer Arbeit hinsichtlich Zielorientierung?
- Wie erfüllen wir das Normverhalten?
- Was hindert/fördert uns in unserem Team mehr in Richtung zielorientiertem Normverhalten zu tun?

(4) Aktionsplan
- Was ist der persönliche Aktionsplan in Richtung mehr Zielorientierung?
- Was ist der Aktionsplan des Teams in Richtung mehr Zielorientierung?

(5) Reflexion
- Wann und wie überprüfen wir, dass wir unsere Zielsetzung erreicht haben?
- Welche Daten haben wir im Moment, die wir noch nicht nutzen?
- Welche zukünftigen Daten haben wir, um uns zu überprüfen und weiterzuentwickeln?

Wie bereits erwähnt, haben Ziele für den Teamerfolg insofern eine herausragende Bedeutung, als sie sicherstellen, dass alle Teammitglieder am gleichen Strang ziehen. Um in diesem Sinne das Miteinander seiner Teammitglieder und die optimale Investition der gesamten Teamenergie in koordinierte Aktivitäten fördern zu können, muss der Teamleiter sich fundierte Kenntnisse und Fertigkeiten aneignen über:

- Grundprinzipien des Führens durch Zielvereinbarung,
- Kriterien effektiver Zielformulierung und
- Bedeutung der verschiedenen Zielfelder und Zielarten.

Ziel der Integrationsmaßnahmen des Teamleiters ist die Sicherstellung einheitlicher Zielorientierung im Team und **hohe Zielintegration auf allen Zielebenen.** Hand in Hand mit dieser integratorischen Leistung gehen **organisatorische Aufgaben des Teamleiters.**

3.3 Organisieren

Organisatorisches rund um Planung, Beginn, Durchführung, Verfolgung, Steuerung und Abschluss des Teamprojektes nimmt einen hohen Stellenwert in Bezug auf den Teamerfolg ein. Deshalb ist es unverzichtbar, dass es im Team einen Verantwortlichen gibt, der durch eine transparente und funktionierende Organisation eine gemeinsame Operationsbasis für alle am Teamprojekt Beteiligten schafft (Abb. 22).

Im Rahmen von Teamarbeit ist Organisationstalent gefordert, weil jedes Teamprojekt sich auszeichnet durch:

- verschiedenartige, untereinander verbundene, wechselseitig voneinander abhängige Teilaufgaben bzw. Stellen,
- begrenzten Ressourceneinsatz,
- Aufgabenstellung mit Risiko und gewisser Einmaligkeit (keine Routineangelegenheiten) und
- zeitliche Befristung mit klarem Anfangs- und Endtermin.

Zu organisieren sind vielfältige Bedingungen und Gegebenheiten rund um das Teamprojekt, die Teammitglieder und das „Spielfeld" des Teams (im Sinne von Rahmenbedingungen und Schnittstellen zum übrigen Unternehmen). Einige grundlegende organisatorische Vorkehrungen und Maßnahmen hat der Teamleiter bereits zu Projektbeginn möglichst umfassend auszuarbeiten und einzuführen, andere organisatorische Fragen ergeben sich erst im Verlauf der Bearbeitung des Teamauftrages. Wichtige Tätigkeiten des Teamleiters sind z. B.:

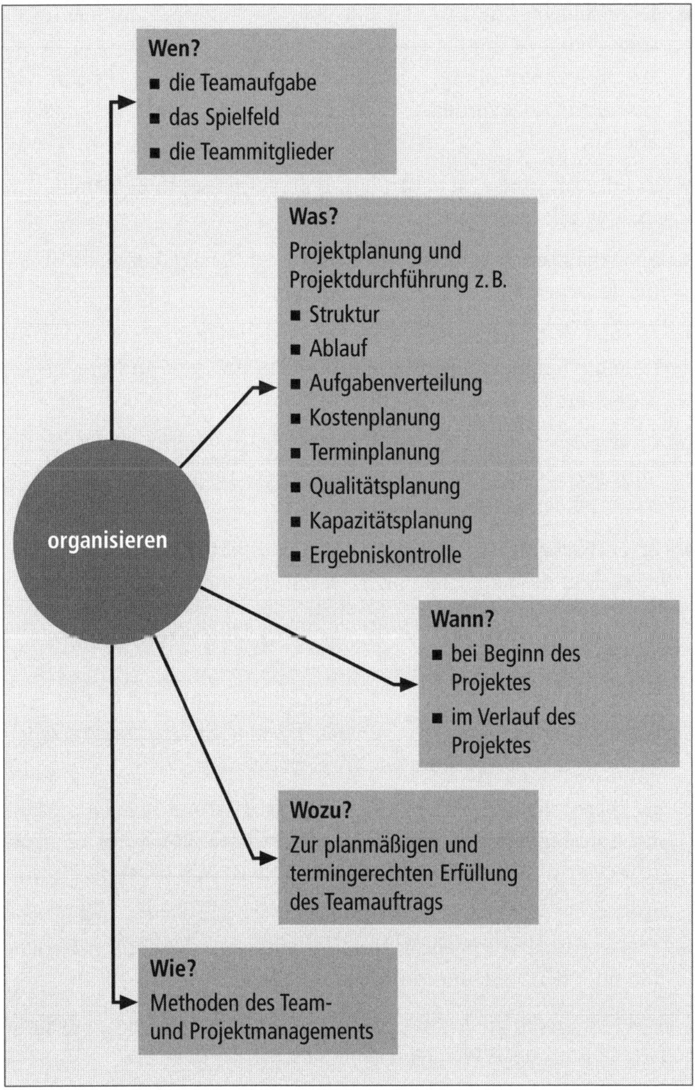

Abb. 22: Organisationsaufgabe des Teamleiters

- Er erstellt in Abstimmung mit dem Auftraggeber des Teamprojektes einen Rahmenprojektplan, der Grundsätzliches in Bezug auf Aufgabenstellung, Zielsetzung, zu erarbeitende Ergebnisse, Zeit-und Kostenbudget, Randbedingungen und Meilensteine enthält,
- er entwirft einen Strukturplan, d. h. er zerlegt den Teamauftrag in sinnvolle Teilergebnisse,
- er verfasst einen Ablaufplan, der festlegt, in welcher Reihenfolge die Teilergebnisse abgearbeitet werden,
- er stellt fest, welche funktionalen Zuständigkeiten für die Erfüllung des Teamauftrages vorhanden sein müssen, und organisiert die Bildung seines Teams entsprechend,
- er errechnet, welche finanziellen Mittel im Rahmen des Teamauftrages nötig sind, und plant die verschiedenen Kosten (z. B. Material, Personal-, Produktionskosten),
- er entwickelt einen Terminplan, formuliert Qualitätsrichtlinien und plant die Kapazitäten der Teammitglieder,
- er stimmt Kosten-, Termin- und Kapazitätsplanung sorgfältig aufeinander ab,
- er organisiert den Informationsaustausch und die Aktivitätenplanung in Bezug auf die für das Team wichtigen Schnittstellen (andere Teams/Abteilungen, Vorgesetzte etc.),
- er übernimmt bei Projektstart die Vorbereitung und Durchführung des ersten, gemeinsamen, offiziellen Treffens des Gesamtteams; er präsentiert den Teammitgliedern Sinn, Zweck, Hintergrund, Ablauf und Durchführung des Teamprojektes und
- er sorgt für die Erstellung von Zwischen- und Abschlussberichten über den Verlauf des Projektes.

Damit der Teamleiter dem Team eine sinnvolle Operationsbasis schaffen kann, muss er:

- fundierte Kenntnisse über die nötigen organisatorischen Vorkehrungen für die erfolgreiche Durchführung von Teamprojekten besitzen,

- über vielfältige planerische Fähigkeiten verfügen (Struktur-, Ablauf-, Kostenplanung etc.),
- gleichzeitig die Gesamtheit der organisatorischen Rahmenbedingungen und wesentliche strukturelle Details im Auge behalten können,
- es verstehen, alle Teammitglieder in organisatorisch festgelegte Vorgehensweisen einzugliedern,
- Techniken zur Sicherstellung der festgelegten Systematik im Teamprozess kennen und anwenden können und
- allgemein Flexibilität, Weitblick und Kreativität beweisen.

Kurz gesagt braucht der „Organisator" als Handwerkszeug für die Praxis grundlegende Kenntnisse und Erfahrung mit den **Methoden systematischen Team- und Projektmanagements**.

Team- und Projektmanagement heißt, bei der Organisation von Teamarbeit systematisch so vorzugehen, dass die Rahmenbedingungen für das jeweilige Team und seinen Teamauftrag optimal gestaltet sind. Dafür ist es wichtig, dass von der ersten Idee zum Teamauftrag bis zu seiner nachträglichen Reflexion gezielt geplant und detailliert Vorbereitungen getroffen werden.

Was den Projektlebenszyklus anbelangt, so ist organisatorisches Talent des Teamleiters in folgenden Abschnitten besonders gefordert:

- Projektauftrag
- Projektstart
- Projektstrukturplan
- Projektablaufplan
- Projektorganisation
- Projektplanung
- Projektsteuerung
- Projektverfolgung
- Projektabschluss

Ziel des Teamleiters ist die **Sicherstellung der planmäßigen und termingerechten Erfüllung des Teamauftrages**. Hierzu bedient er sich organisatorischer Tricks, die helfen, während der gesamten Projektdauer eine klare Orientierung der Teammitglieder bzgl. Ziele, Aufgaben, Kompetenzen, Termine und Maßnahmen herzustellen.

Checkliste Projektmanagement:

(1) Projektauftrag: Was soll erarbeitet werden und welche Meilensteine (Entscheidungszäsuren) werden vereinbart?
(2) Projektstrukturplan: Wie lässt sich das Projekt sinnvoll in Teilergebnisse zerlegen?
(3) Projektablaufplan: In welcher Reihenfolge müssen die Teilergebnisse abgearbeitet werden?
(4) Projektorganisation/Projektteam: Welche funktionalen Zuständig keiten sind für die Erfüllung des Projektauftrages notwendig?
(5) Projektplanung: Welche Ziele müssen erreicht werden?
(5.1) Kostenplanung: Welche Mittel/Budgets müssen bereitgestellt werden?
(5.2) Terminplanung: Wann müssen von wem welche Arbeitsergebnisse vorliegen?
(5.3) Qualitätsplanung: Welche Anforderungen müssen erfüllt werden?
(5.4) Kapazitätsplanung: Wer arbeitet wie lange und intensiv mit?
(6) Projektabwicklung: Welche Aktivitäten sind einzuleiten?
(6.1) Kick-off-meeting: Wie beginnt die Arbeit im Projektteam?
(6.2) Projektsteuerung: Wie stellen Sie eine zielgerichtete Projektsteuerung sicher?
(6.3) Projektverfolgung: Wie kontrollieren Sie erarbeitete Zwischenergebnisse und die Einhaltung von Eckterminen?
(7) Projektabschluss: Was muss bei Projektabschluss bedacht werden?

Im Folgenden möchte ich aus dem großen und vielfältigen Tätigkeitsfeld des Organisierens einen Teilbereich herausgreifen, der mir für Teamerfolg besonders wichtig erscheint und viel Zeit des Teamleiters in Anspruch nimmt: die **Koordination der einzelnen Teammitglieder.**

3.4 Koordinieren

Die Vorteile der Teamarbeit gegenüber der Einzelarbeit ergeben sich hauptsächlich aus der Mischung von verschiedenen Talenten im Team. Diese Stärke von Teams kommt jedoch nur zum Tragen, wenn dafür gesorgt ist, dass „das richtige Teammitglied zur richtigen Zeit am richtigen Ort die richtigen Dinge" tut. Deshalb ist umfangreiche Koordinationsarbeit des Teamleiters unerlässlich.

Optimale Koordination im Team bedeutet die verschiedenen Aufgaben jeweils den Teammitgliedern zuzuteilen, die für ihre Erledigung die besten Voraussetzungen mitbringen. Dieses „Puzzle" auszutüfteln, fällt üblicherweise in den Zuständigkeitsbereich des Teamleiters (Abb. 23). Prinzipiell muss er seine Koordinationsarbeit an folgenden fünf Kernfragen orientieren:

- Inhalt: Was soll getan werden?
- Person: Wer soll es tun?
- Ziel: Warum soll er/sie es tun?
- Methode: Wie soll er/sie es tun?
- Termin: Bis wann soll er/sie es tun?

Verstärkt koordinieren muss der „Teamkoordinator" sowohl zu Beginn des Projektes bei der Teambildung, weil es hier gilt ein Grundgerüst der Aufgabenverteilung auszuarbeiten, als auch im Verlauf des Teamprojektes z. B.

- bei jeglicher Art von personellen Veränderungen wie z. B. kurzfristiger Personalausfall wegen Krankheit eines Teammitgliedes,
- bei Teamkrisen bedingt z. B. durch Überforderung oder Überlastung einzelner Teammitglieder und
- bei Erweiterung des Aufgabengebietes des Teams, z. B. zur Betreuung eines Kundenstamms im süddeutschen Raum kommt die Betreuung des Kundenstamms im norddeutschen Raum hinzu.

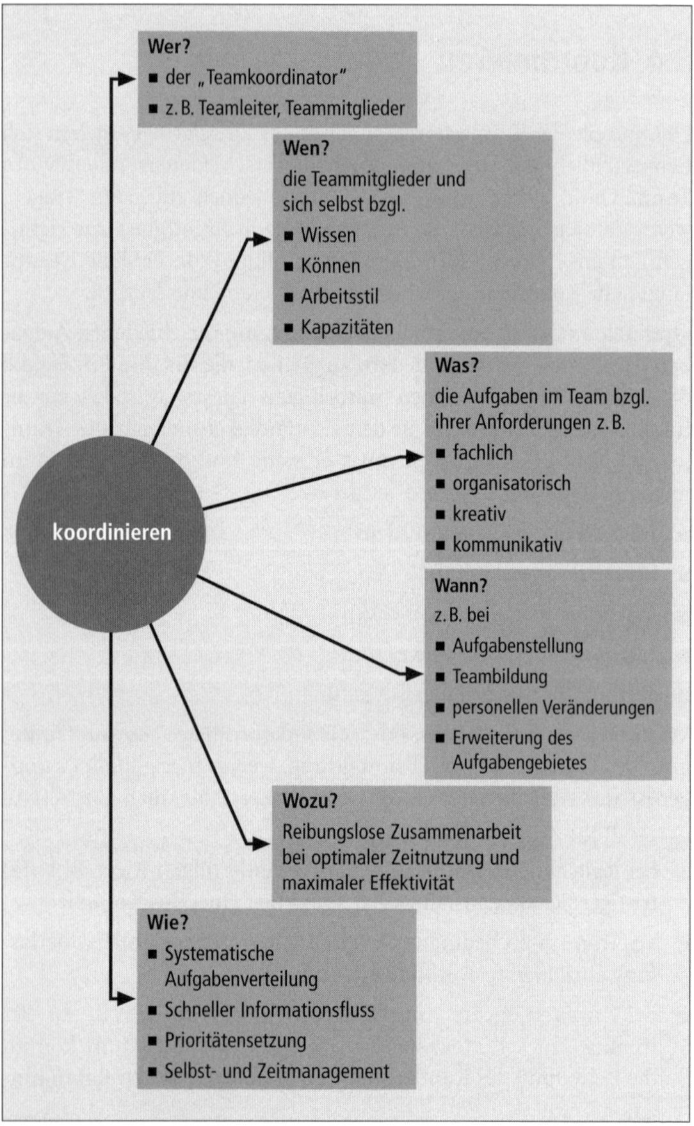

Abb. 23: Koordinationsaufgabe des Teamleiters

Im Einzelnen zählt zu den Tätigkeiten des Teamleiters als Koordinator z. B.:

- er erstellt Tätigkeits- und Qualifikationsprofile für die verschiedenen Funktionen, die im Rahmen des Teamauftrages erfüllt werden müssen,
- er fertigt Qualifikations- und Leistungsprofile seiner Mitarbeiter an,
- er nimmt anhand der Funktions- und Mitarbeiterprofile eine gezielte, zweckmäßige und gerechte Aufgabenverteilung im Team vor,
- er stellt die Bewältigung der Aufgabe durch exakte Instruktionen für das beauftragte Teammitglied, klare Prioritätensetzung und ggf. individuelle Trainingsmaßnahmen sicher,
- er organisiert ein Informationssystem, das sicherstellt, dass alle wichtigen Informationen zur richtigen Zeit am richtigen Ort auf passende Art und Weise verfügbar sind; dazu gehört z. B. die Planung von Teambesprechungen und die Festlegung eines entsprechenden Berichtswesens im Team etc.,
- er gibt sein Wissen über Techniken des Selbstmanagements gezielt an seine Teammitglieder weiter und fördert generell deren Fähigkeit zum selbstständigen Arbeiten und
- er weist seine Teammitglieder in die Regeln effektiven Zeitnutzung ein und unterstützt deren Umsetzung.

Damit der Teamleiter diesen Anforderungen gewachsen ist, muss er

- allgemein einen Blick fürs Wesentliche haben,
- grundsätzliches über Arbeitsmethodik wissen und umsetzen können,
- sich der Rolle, die Aufgabenverteilung und Informationsfluss im Team, Prioritätensetzung, Selbst- und Zeitmanagement für die planmäßige Bewältigung der Teamaufgabe spielen, bewusst sein,
- Regeln für die wirksame Aufgabenverteilung im Team kennen und in die Praxis umsetzen können,
- die wesentlichen Faktoren eines schnellen und vollständigen Informationsaustausches im Team kennen und herstellen können,

- Methoden und Techniken zur Sicherstellung klarer Prioritätensetzung und optimaler Zeiteinteilung bei der Bearbeitung der Teamaufgabe kennen und anwenden können.

In der Praxis zeigt sich, dass der Teamleiter für die Gestaltung einer reibungslosen Zusammenarbeit im Team bei optimaler Zeitnutzung und maximaler Effektivität als Rüstzeug Kenntnisse und Erfahrung benötigt bzgl.:

- Aufgabenverteilung
- Informationsfluss
- Prioritätensetzung
- Zeitmanagement
- Selbstmanagement

Effiziente Tagesplanung

(1) Planen Sie Ihren Arbeitstag grundsätzlich bereits am **Vorabend.**

(2) Kontrollieren Sie **Unerledigtes** vom Vortag und ergänzen Sie Ihr Tagespensum um **aktuelle Aktivitäten** aus der Checkliste.

(3) Notieren Sie sich sämtliche **Aufgaben des bevorstehenden Arbeitstages.**

(4) Ordnen Sie die Aufgaben nach den Grundprinzipien der **Prioritätensetzung.**

(5) Arbeiten Sie nach der **Salami-Taktik** größere Aufgaben gegebenenfalls in mehreren Schritten ab.

(6) Planen Sie **Zeitblöcke** für umfangreiche oder gleichartige Aufgaben.

(7) Reservieren Sie sich unbedingt **Pufferzeiten** und eine **„Stille Stunde“** für ungestörtes Arbeiten.

(8) Nutzen Sie Ihre Möglichkeiten zur **Delegation** voll aus und beschränken Sie sich in Ihren eigenen Aktivitäten auf das **Wesentliche**.

(9) Berücksichtigen Sie bei der Planung Ihre persönlichen Leistungsschwankungen, sprich **Biokurve**.

(10) Beginnen und beenden Sie jeden Arbeitstag **positiv**.

(11) Machen Sie sich Ihre **Erfolge** bewusst und feiern Sie diese gebührend.

Als Koordinator hat der Teamleiter die Gestaltung einer **reibungslosen Zusammenarbeit im Team bei optimaler Zeitnutzung und maximaler Effektivität** zum Ziel. Hierfür spielen darüber hinaus auch Informationsfluss und Kommunikation im Team eine bedeutende Rolle. Deshalb ist der Teamleiter außerdem als Kommunikationsmanager gefordert.

3.5 Kommunizieren

Im Team ist das zentrale Mittel der Verständigung und der Auseinandersetzung die Kommunikation – verbal und nonverbal. **Kommunikation ist der Sauerstoff der Teamarbeit – ohne Sauerstoff überlebt der Mensch maximal 5 Minuten!** (Abb. 24). Deshalb ist es für den Teamleiter wichtig, dieses Medium virtuos nutzen zu können. Einer der wichtigsten „weichen" Faktoren für Teamerfolg ist die allseitige und offene Kommunikation zwischen allen Beteiligten. Sie ergibt sich jedoch nicht von selbst, sondern bedarf erfahrungsgemäß eines längeren Lernprozesses. Die Basis für effektives Kommunikationsmanagement im Team ist die Förderung eines regelmäßigen Erfahrungs- und Informationsaustausches der Teammitglieder über:

- organisatorische Fragen wie z. B. Terminplanung, Aufgabenverteilung,
- fachliche Probleme,
- zwischenmenschliche Angelegenheiten wie z. B. Vertrauen, Toleranz und
- persönliche Gegebenheiten wie z. B. Krankheit, familiäre Schwierigkeiten.

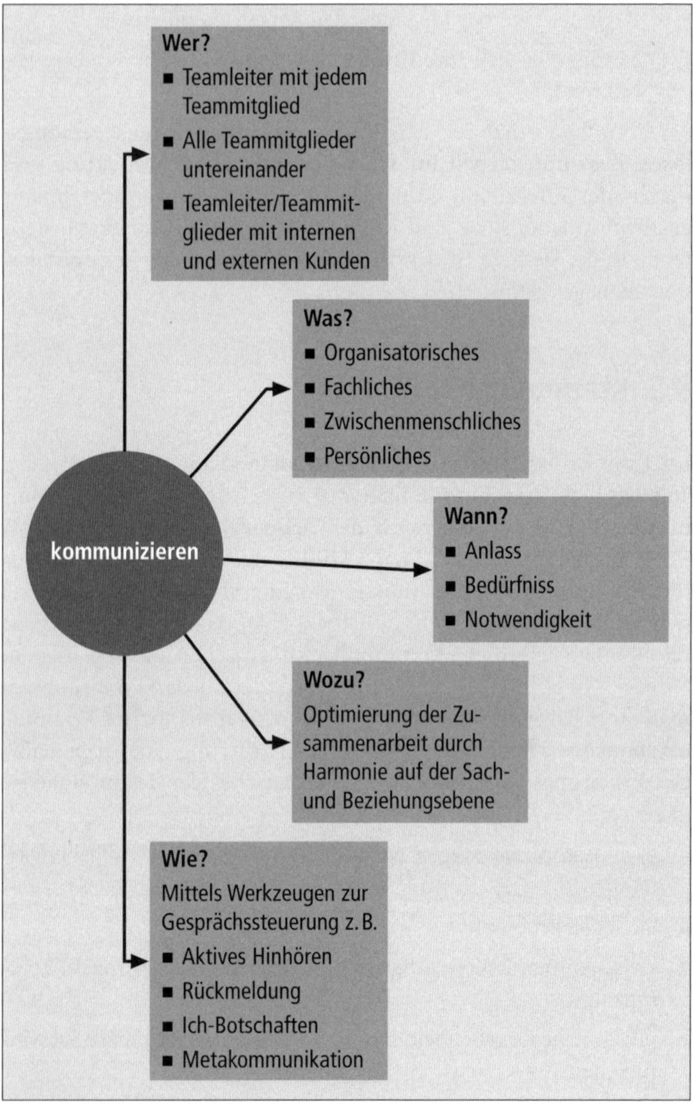

Abb. 24: Kommunikationsmanagement im Team

Hierzu müssen:

- offizielle Anlässe während der Arbeitszeit geboten werden, wie z. B. regelmäßige Teambesprechungen,
- in vernünftigem Rahmen Privatgespräche während der Arbeitszeit je nach Bedürfnislage der Teammitglieder zugelassen sein,
- gemeinsame Freizeitaktivitäten der Teammitglieder organisiert werden, wie z. B. wöchentlicher Stammtisch, monatliche Kegelrunde und
- bei dringenden Notwendigkeiten, wie z. B. Klärung von Missverständnissen oder Hilfe bei fachlichen Problemen, sofort Gespräche zwischen den Betroffenen angebahnt werden.

Das bedeutet, dass in einem Team der Teamleiter auch **Kommunikationsmanager** sein muss. Er muss sich bemühen,

- die vollständige und verständliche Übermittlung sämtlicher wichtiger Informationen an alle Teammitglieder durch Abbau von Informationsgefällen und -filtern zu sichern,
- eigene Darstellungen von Sachverhalten gegenüber den Teamkollegen verständlich zu formulieren und aufzubereiten,
- zu klärende Sachverhalte rechtzeitig und erschöpfend zur Diskussion zu stellen,
- ausnahmslos alle Teammitglieder einzuschließen und niemanden zum Außenseiter zu machen, was die Weitergabe von Informationen und die Gestaltung von Diskussionen betrifft,
- als Ansprechpartner für Anliegen seiner Teamkollegen zur Verfügung zu stehen,
- selbst allgemein kommunikationsfördernde Verhaltensweisen (z. B. Aktives Zuhören, Ich-Botschaften etc.) zu zeigen und diese durch positive Rückmeldung auch bei seinen Teamkollegen gezielt zu unterstützen,
- selbst eine Haltung der Wertschätzung und des Respektes gegenüber seinen Teamkollegen zu praktizieren nach dem Motto „Ich bin o. k., du bist o.k. und wir sind o. k.“,

- sein Wissen um grundsätzliche Merkmale gut funktionierender Kommunikation an die Teamkollgen weiterzugeben und
- sich selbst Methoden zur Vermeidung von Kommunikationshindernissen und -störungen anzueignen und anzuwenden.

Damit jedoch der Teamleiter diesen Anforderungen des Kommunikationsmanagements im Team gerecht werden kann, muss er lernen,

- Kommunikation als vielschichtigen, komplexen Prozess zu verstehen,
- zwischen Wahrnehmung und Interpretation, Fakt und Vermutung zu trennen,
- Grundhaltungen wie Respekt, Echtheit und Vertrauen als „Türöffner" zu entdecken,
- konstruktive Gesprächsmuster in Diskussionen unter den Teammitgliedern umzusetzen und
- sich mit eigenen Kommunikationsbarrieren auseinander zu setzen und neue Ausdrucksmöglichkeiten zu entwickeln.

„Profi" in der Gestaltung von Kommunikationsprozessen sein, bedeutet demnach über ein breites, anwendbares Wissen zu verfügen über

- Strukturen und Gesetzmäßigkeiten der Kommunikation und
- Werkzeuge zur Gesprächssteuerung.

Ziel des Einsatzes der genannten Werkzeuge zur Gesprächssteuerung und des gemeinsamen Kommunikationsmanagements aller Teammitglieder ist es, durch emotional und sachlich offene Kommunikation im Team **Harmonie auf der Sach- und der Beziehungsebene** herzustellen und so die Kooperation zu optimieren. Eine besondere Bedeutung gewinnt die Gestaltung der Kommunikation im Team noch in „Spezialfällen" wie z. B. Teambesprechungen und Konfliktgesprächen. Näheres hierzu wird in den folgenden Kapiteln **„Moderieren"** und **„Balancieren"** erläutert.

12 Regeln für unmissverständliche Kommunikation im Team

(1) Kein „man“ – kein „es“ – kein „wir“: Den Mitarbeiter namentlich und direkt ansprechen!
(2) Kein „müsste“ – kein „sollte“ – kein „könnte“: Anweisungen nicht in der Möglichkeitsform geben!
(3) Kein „vielleicht“ – kein „eventuell“ – kein „eigentlich“: Anweisungen müssen konkrete Wirkung erzielen!
(4) Jeder Mensch hat, von seinem Standpunkt aus, recht: Standpunkte klären und verstehen statt streiten.
(5) Absolute Loyalität erkennen lassen! Hinter Aussage und Handlung stehen!
(6) Konkrete Fragen stellen: Unklare Fragen ergeben ungenaue Antworten.
(7) Nie mehrere Fragen auf einmal stellen: Sie verwirren und kosten Zeit!
(8) Keine Fragen mit „warum“ – „weshalb“ – „wieso“ beginnen: Aussagen machen, statt Rechtfertigung fordern.
(9) Keine eigenen Fragen selber beantworten: Der Standpunkt des anderen wird nicht bekannt!
(10) „Ja, aber...“ Antworten vermeiden! Aussagen anderer ergänzen statt verneinen!
(11) Aktiv zuhören. Erst zuhören, dann nachdenken, dann antworten!
(12) Termine konkret vereinbaren: Missverständnissen durch Prioritäten vorbeugen.

3.6 Moderieren

Der Teamleiter ist auch für die effiziente Vorbereitung, Durchführung und Nachbereitung von Teambesprechungen sowie für die systematische Analyse und Bearbeitung von Problemstellungen durch kreative Methoden verantwortlich. Zu seinen Aufgaben zählt es, die Teamaktivitäten und -kreativität mittels geeigneter Methoden so zu steuern, dass in möglichst kurzer Zeit möglichst viele umsetzungsfähige Maßnahmen gefunden werden (Abb. 25).

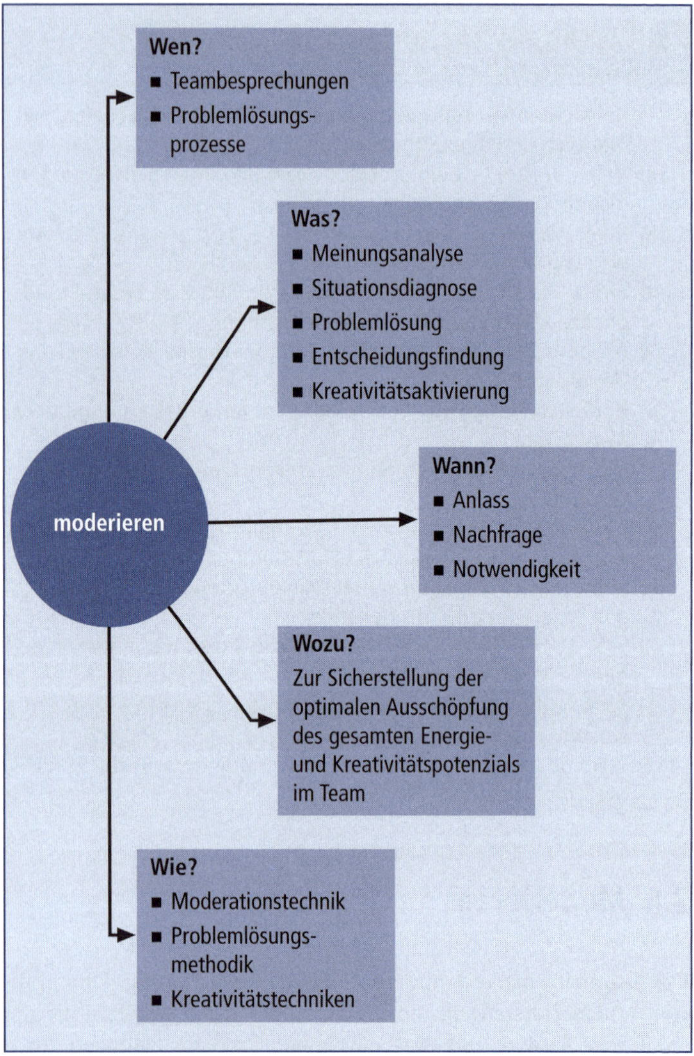

Abb. 25: Moderatorenfunktion des Teamleiters

Wozu?

Zur Sicherstellung der optimalen Ausschöpfung des gesamten Energie- und Kreativitätspotentials im Team

- Der Teamleiter tritt in Teambesprechungen immer dann als Moderator auf, wenn er je nach Anlass oder Notwendigkeit sicherstellen will, daß
- die Meinungsvielfalt unter den Teammitgliedern konstruktiv genutzt wird,
- die Teamsituation von allen eingehend beleuchtet und auf ihre Veränderungsbedürftigkeit hin kritisch beurteilt wird,
- das Problemlösungspotential des gesamten Teams aktiviert wird,
- Entscheidungsprozesse im Team fair und transparent verlaufen und
- das Ideenpotential des Teams gebündelt wird.

Das bedeutet für seine Tätigkeiten in Teamsitzungen z. B. konkret, dass:

- er die in Teambesprechungen zu behandelnden Themen entsprechend vor- und aufbereitet,
- er Ziele, Zeitplan und Spielregeln für die Teambesprechungen entwirft und mit den Teammitgliedern abstimmt,
- er die Organisation der Rahmenbedingungen für Teambesprechungen übernimmt (z. B. Bereitstellung von Räumlichkeiten, Medien etc.),
- er dafür sorgt, dass sich alle Teammitglieder gleichermaßen auf die Teambesprechung vorbereiten können (z. B. rechtzeitige Zusendung von Informationsmaterial),
- er sicherstellt, dass jeweils ein Protokollführer gewählt wird, der für die schriftliche Dokumentation von Verlauf und Ergebnis der Besprechung verantwortlich ist,
- er darauf achtet, dass in Diskussionen jedes Teammitglied seine Überlegungen, Bedenken und Erfahrungen zur Sprache bringen kann,

- er als „Torhüter“ darauf achtet, dass die Teammitglieder sich an die vereinbarten Spielregeln auch halten, d. h. beispielsweise nicht gleichzeitig sprechen, einander ausreden lassen und zuerst zuhören und dann antworten,
- er gezielt die Meinung „stiller“ Teammitglieder herausfordert, wenn die Besprechung von wenigen dominierenden, wortgewandten Mitgliedern einseitig bestimmt zu werden droht,
- er Teammitglieder „bremst“, die in ihren Beiträgen zu Langatmigkeit und Wiederholungen neigen, um Zeitdruck und Langweile vorzubeugen,
- er gute Ideen in Besprechungen sofort aufgreift, sammelt, schriftlich fixiert und zu gegebener Zeit zur Diskussion stellt, damit sie nicht ungenutzt versanden,
- er auftretende Probleme auf den Punkt bringt und ihre gründliche Analyse anregt,
- er steuernd ins Gesprächsgeschehen eingreift, wenn die Diskussion vom eigentlichen Thema abzuschweifen droht,
- er überwacht, dass nötige Entscheidungen in einem geduldigen Konsensverfahren getroffen werden und nicht über rigorose Mehrheitsenscheidungen,
- er Zwischenergebnisse der Diskussion für die Teammitglieder von Zeit zu Zeit zusammenfasst und diese auf die vereinbarte Zielrichtung hin überprüft,
- er am Ende der Teambesprechung in einem Aktions- oder Maßnahmenkatalog die erzielten Resultate zusammenfasst, Bilanz zieht in Bezug auf offene Punkte, aufgetauchte Fragen, Unklarheiten etc. und
- er gemeinsam mit den Teammitgliedern die Themen für die nächste Teambesprechung festlegt.

Der Teamleiter kann diese anspruchsvolle Aufgabe jedoch nur angemessen erfüllen, wenn er gelernt hat,

- welche Faktoren über die Effizienz einer Teambesprechung entscheiden,

- welche Inhalte zur systematischen Vorbereitung, Durchführung und Nachbereitung von Teambesprechungen und Problemlösungsprozessen gehören,
- welche Phasen bei der Moderation bzw. Problembearbeitung durchlaufen werden müssen,
- inwieweit seine Persönlichkeit und sein Verhalten für seine Rolle als Besprechungsleiter und das Teamgeschehen von Bedeutung sind und
- mit den verschiedenen Typen von Besprechungsteilnehmern feinfühlig umzugehen.

Tipps für erfolgreiche Teamsitzungen Vorbereitung:

(1) Legen Sie klare und messbare **Ziele** fest.
(2) Definieren und informieren Sie den betreffenden **Teilnehmerkreis**.
(3) Bereiten Sie den **Besprechungsraum** und und das **Thema** vor.
(4) Setzen Sie einen verbindlichen Zeitrahmen (max. 2 Std.) und halten Sie ihn ein. Durchführung:
(5) Benutzen Sie **Visualisierungshilfen** (Flipchart/Pinnwand).
(6) Fordern Sie alle Beteiligten zur **Selbstdisziplin** auf.
(7) Moderieren Sie nach dem **„6-Stufen-Plan"**:
- Problemsammlung
- Problemordnung und -auswahl
- Problemanalyse
- Problembewertung
- Problemlösungssuche
- Problemlösung und -umsetzung (Maßnahmenplan)

Als Handwerkszeug für die Bewältigung der geschilderten Anforderungen eignet sich für den Teamleiter besonders die

- Moderationstechnik und
- Problemlösungsmethodik und Kreativitätstechniken.

Ziel des Teammoderators ist die Sicherstellung der **optimalen Ausschöpfung des gesamten Energie- und Kreativitätspotentials** des Teams, um auf diesem Wege größtmögliche Effizienz in der Teamarbeit zu verwirklichen.

3.7 Balancieren

Jeder Teamleiter ist aufgrund von Konflikten zwischen den unterschiedlichen Interessen und Zielen des Unternehmens, der Kollegen, der Vorgesetzen und nicht zuletzt der Teammitglieder selbst mit der Problematik des Ausgleichens, Vermittelns und Konfliktlösens konfrontiert. Deshalb ist eine seiner wesentlichen Aufgaben durch gezieltes Konfliktmanagement dafür zu sorgen, dass Konflikte für alle Beteiligten konstruktiv bewältigt werden (Abb. 26).

Die Funktion des Konfliktmanagers ist die eines Vermittlers und Schlichters, der durch die Kunst der situativ angepassten Gesprächsführung sicherstellt, dass eine Balance entsteht zwischen unterschiedlichen Zielen und Interessen der Beteiligten, zwischen Sach- und Beziehungsebene im Team, zwischen Aufgabe und Mensch. Auch hierfür spielt Kommunikation eine zentrale Rolle, um die im Team vorhandenen positiven und negativen Energien analysieren und steuern zu können. Im Konfliktfall ist die Kommunikation unter den Teammitgliedern vor allem durch die beteiligten Gefühle belastet und erschwert. Erfahrungsgemäß verhindern die „guten Manieren“ oder Hemmungen aus anderen Motiven heraus die Offenlegung des Konfliktes. Üblicherweise wird Streit vermieden und der Konflikt heruntergespielt, aber nicht gelöst. Er schwelt dann im Untergrund weiter und bewirkt, dass die Kontakte zwischen den Beteiligten auf ein Minimum reduziert werden, auf beiden Seiten Vorurteile aufgebaut werden und anhaltende Spannungen entstehen. Das Ergebnis latent vorhandener, unbearbeiteter Konflikte sind damit persönliche Unzufriedenheit der Betroffenen und ein allgemein schlechtes Arbeitsklima. Der Konfliktmanager verhindert den Weg des Teams in diese Sackgasse, indem er die Konfliktparteien rechtzeitig zu einer offenen Auseinandersetzung und gemeinsamen Lösung des Konfliktes zusammenführt.

Im Einzelnen zählen zu den Aufgaben des Teamleiters als Konfliktmanager:

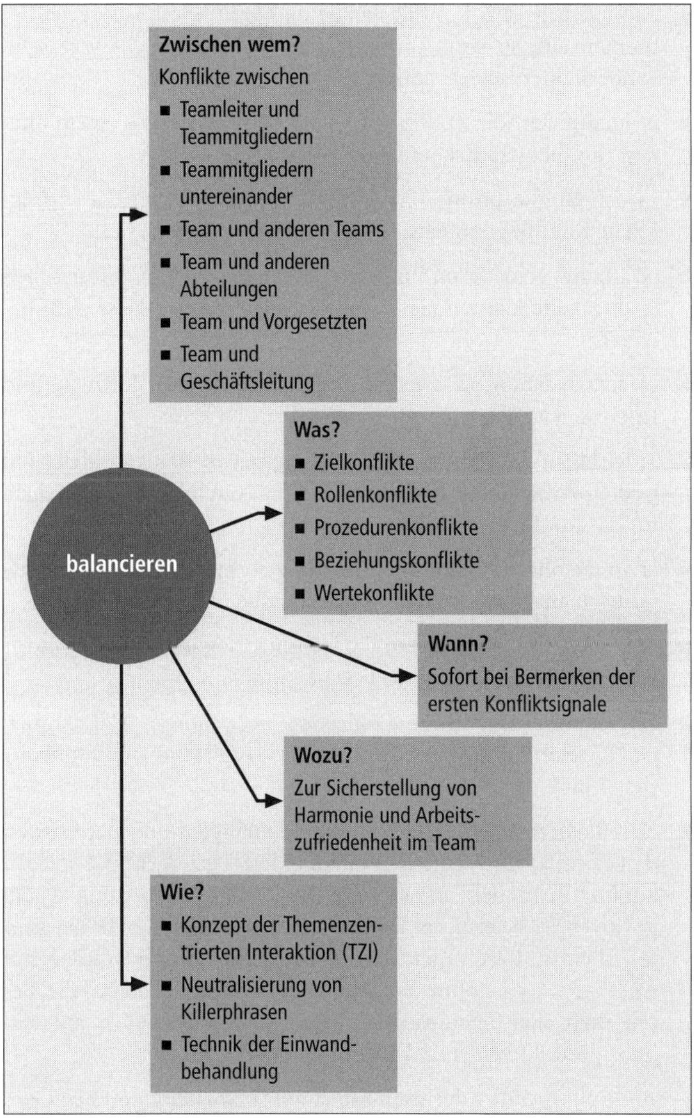

Abb. 26: Konfliktmanagement im Team

- er ist sensibel für Konfliktsignale und greift diese sofort bei Bemerken auf; so sorgt er dafür, dass Konflikte nicht vertuscht, sondern offen gelegt werden,
- er identifiziert die Konfliktparteien und bringt sie zu einem offenen Konfliktgespräch an einen Tisch,
- er schafft die erforderlichen Rahmenbedingungen für erfolgreiche Konfliktgespräche,
- er arbeitet gemeinsam mit allen Beteiligten die Konfliktursachen und -inhalte klar heraus und macht sie auf diese Weise allen bewusst,
- er achtet darauf, dass jede Konfliktpartei ihre Bedürfnisse und Interessen angemessen zur Sprache bringen kann,
- er wirkt auf die „erhitzten Gemüter" gegebenenfalls ausgleichend und überwacht die Einhaltung vorher vereinbarter Spielregeln für das Konfliktgespräch,
- er unterstützt es, dass die Erwartungen und Ziele der Konfliktparteien analysiert und unmissverständlich formuliert werden,
- er fördert die gemeinsame Erarbeitung möglicher Lösungen für das dem Konflikt zugrunde liegende Problem,
- er stellt die schriftliche Festlegung notwendiger Maßnahmen zur Regelung des Konfliktes und ihre sorgfältige Durchführung sicher und
- er reflektiert nachträglich mit allen Beteiligten und Betroffenen den Konflikt und seine Bearbeitung: Die Lernergebnisse werden konkret formuliert, die erfolgreiche Konfliktbearbeitung als ein positives Erlebnis in der Erinnerung aller verankert. Die geleistete Arbeit und die unternommenen Anstrengungen werden mit Anerkennung belohnt. So erhöht der Konfliktmanager die Bereitschaft aller Teammitglieder, den nächsten Konflikt auf dieselbe produktive Art und Weise zu bewältigen.

Besonders gegenüber der traditionell tief verwurzelten Strategie des „Unter-den-Teppich-Kehrens" von Konflikten in den Unternehmen braucht der Konfliktmanager folgende Qualifikationen:

- Fundiertes Wissen über mögliche Ursachen und Arten von Konflikten sowie ihrer systematischen Diagnose und Analyse,
- breites Repertoire an Werkzeugen zur Gesprächssteuerung,
- positive Einstellung zu Konflikten und Akzeptanz dieser als Notwendigkeit und Voraussetzung konstruktiver Veränderung,
- Sensibilität für das Aufspüren verdeckter Konflikte,
- Empathie für die Konfliktbeteiligten und -betroffenen,
- Geduld für den oft langwierigen Abbau der Konfliktfronten und
- Feingefühl und Behandlungsmethoden für den Umgang mit zu Tage tretenden Aggressionen und Emotionen.

Ein Konfliktgespräch verlangt vom Teamleiter als Konfliktmanager außer Fingerspitzengefühl folgende grundlegende Kenntnisse der Dynamik von Konflikten und möglichen Techniken zur Konfliktbehandlung:

- Phasen kooperativer Konfliktbearbeitung
- Konfliktstile
- Konzept der themenzentrierten Interaktion
- Neutralisierung von Killerphrasen
- Technik der Einwandbehandlung

Konfliktbearbeitung	
„Traditionell" So?	Im Team: Besser So!
Der Konflikt taucht auf und	
Streit wird vermieden	wird erkannt und aufgegriffen
die Beteiligten sind „höflich" und rücksichtsvoll	wird bewusst gemacht und akzeptiert
der Konflkt wird heruntergespielt, aber nicht gelöst	Schritte zu seiner Lösung eingeleitet
Der Konflikt bleibt unterschwellig bestehen und	**Der Konflikt wird akzeptiert und analysiert und**
man geht sich aus dem Weg	die Konfliktursachen identifiziert
Vorurteile werden aufgebaut	die Konfliktparteien festgestellt
Kontakte werden auf ein Minimum reduziert	die Interessen und Bedürfnisse der Konfliktparteien formuliert

Konfliktbearbeitung	
anhaltende Spannungen entstehen	die Konfliktinhalte klar begrenzt
Der Konflikt bleibt unbearbeitet und verursacht	**Der Konflikt wird offen bearbeitet mit Hilfe geeigneter Techniken, wie z. B.**
persönliche Unzufriedenheit	(1) TZI-Spielregeln
schlechtes Arbeitsklima	(2) Neutralisierung von Killerphrasen
mangelnde Kommunikation	(3) Einwandbehandlung
wenig gegenseitige Information	
weniger Verständnis	
weniger Zusammenarbeit	
Der unbearbeitete Konflikt breitet sich aus und sorgt für	**Der Konflikt ist konstruktiv gelöst und**
die Verstärkung bestehender Konflikte	das dem Konflikt zugrunde liegende Problem gelöst
die Entstehung neuer Konflikte	die Beziehung der Konfliktparteien im positiven Sinn neu gestärkt
	die Beteiligten sind mit der Kosten-Nutzen-Relation zufrieden

Ziel der Aktivitäten des Konfliktmanagers ist es, durch die Herstellung einer natürlichen **Balance zwischen Sach- und Beziehungsebene** im Team, ein harmonisches Arbeitsklima im Team gezielt aufzubauen und zu erhalten. Wie im nächsten Unterkapitel **„Motivieren"** zu zeigen ist, spielt hinsichtlich dieser Balance außer der konstruktiven Konfliktbewältigung auch die Motivation im Team eine bedeutsame Rolle.

3.8 Motivieren

Teamorganisation stellt an alle Beteiligten hohe Anforderungen, nicht nur hinsichtlich fachlicher, organisatorischer und sozial-kommunikativer Kompetenz, sondern auch hinsichtlich persönlicher Eigenschaften wie Ausdauer, Geduld und Durchhaltevermögen. Weil Teamarbeit ziemlich „unbequem" sein kann, ist es wichtig, dass der Teamleiter es versteht, die Begeisterung für die Teamaufgabe bei seinen Teamkollegen gezielt wachzurufen und ständig wach zu halten (Abb. 27).

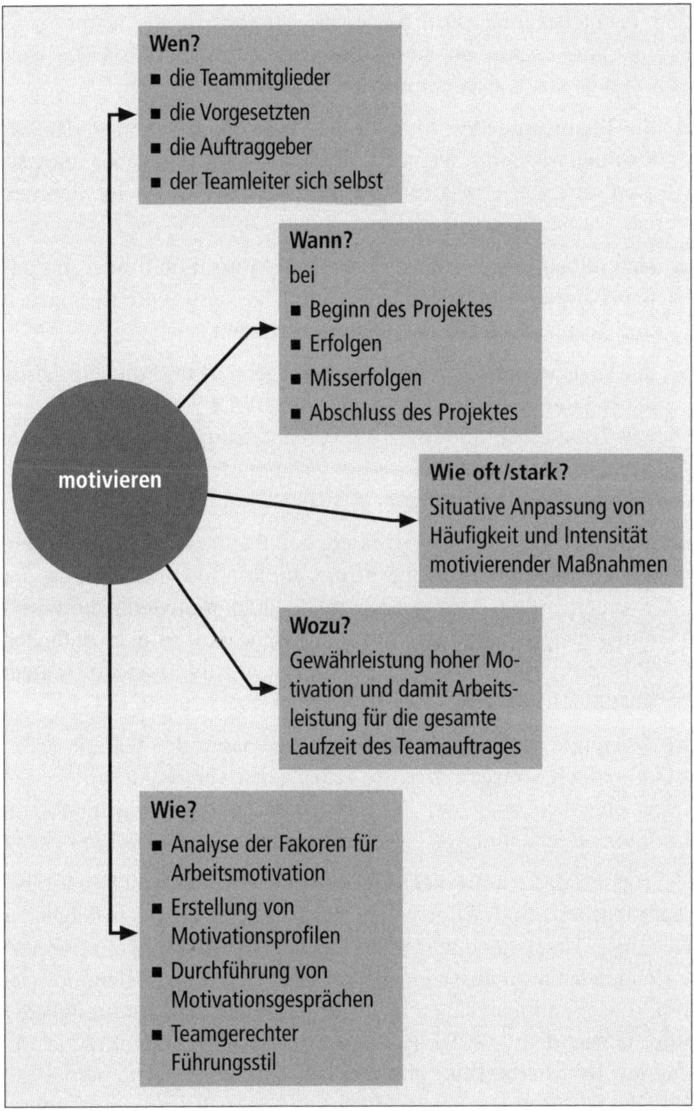

Abb. 27: Motivationsaufgabe des Teamleiters

Der Teamleiter fungiert sozusagen als „Streiter" für die Teamorganisation. Von Beginn bis zum Abschluss eines Teamprojektes wird von ihm erwartet, dass er motivierend wirkt auf

- die **Teammitglieder**: Er soll ihnen zum einen die Form der Zusammenarbeit im Team an sich schmackhaft machen und sie zum anderen jeweils für ihre speziellen Aufgaben im Rahmen des Teamauftrages begeistern.
- **sich selbst**: Er soll selbst in Bezug auf Motivation immer mit gutem Beispiel vorangehen und seine Begeisterung für Teamarbeit und Teamziel auf alle Beteiligten übertragen.
- die **Vorgesetzten**: Er muss das Management und die Geschäftsleitung unter Umständen wiederholt auf die Vorteile und Erfolge von Teamarbeit hinweisen, um voreilige Eingriffe von deren Seite (v. a. bei Teamkrisen) zu verhindern und dem Team den nötigen Rückhalt des Managements zu sichern.
- den **Auftraggeber**: Insbesondere bei Teamkrisen (Misserfolgen, langatmigen Entscheidungsprozessen, Konflikten usw.) muss der Teamleiter den Auftraggeber zur Geduld motivieren und zum Durchhalten ermutigen, um dem Team den nötigen zeitlichen Spielraum für Entwicklungsprozesse einzuräumen und einem überstürzten Abbruch des Teamprojektes vorzubeugen.

Motivierende Maßnahmen sind in allen Phasen des Teamprojektes nötig, jedoch konzentrieren sie sich in den verschiedenen Phasen unterschiedlich stark auf Teammitglieder und die eigene Person bzw. Vorgesetzte und Auftraggeber:

Bei **Beginn** des Teamprojektes liegt häufig eine hohe Motivation bei Auftraggebern und Vorgesetzten vor, während die Teammitglieder sich unter Umständen sehr reserviert zeigen und auf ihrer Seite einige Widerstände zu überwinden sind. Bei Projektstart zielen motivierende Maßnahmen daher in erster Linie auf die Teammitglieder und, je nachdem wie der Teamleiter selbst den Teamauftrag in Bezug auf Realisierbarkeit, Sinn etc. beurteilt, auch auf diesen selbst. Es gilt die Begeisterung der Teammitglieder für den Teamauftrag erst einmal zu entfachen und sie für das Projekt mit Leib und Seele zu gewinnen.

Im **Verlauf** des Teamprojektes ist es wichtig, Teamerfolge allen transparent zu machen und entsprechende Anerkennung und Belohnung zu verteilen, um damit die Motivation aller Beteiligten, also auch der Vorgesetzten und des Auftraggebers, wach zu halten bzw. zu steigern.

In **Teamkrisen** und bei Misserfolgen des Teams sind die motivatorischen Fähigkeiten des Teamleiters am stärksten gefordert. Nicht selten sind dann alle Beteiligten enttäuscht und entmutigt, „drauf und dran die Sache sausen" zu lassen und das Projekt abzubrechen. Hier gilt es für den Teamleiter mit viel Feingefühl die negativen Energien der Enttäuschung, des Ärgers etc. in konstruktive Bahnen zu lenken und den Misserfolg in einen Anreiz und eine Herausforderung für erneute Problemlösungsversuche „umzumünzen".

Bei **Projektende** sollte die Gelegenheit, die Motivation für zukünftige Teamarbeit dauerhaft zu sichern, wahrgenommen werden und mit allen Beteiligten ein Rückblick auf den Verlauf des Projektes gemacht werden. Die gezielte Reflexion ermöglicht das Herausfiltern wichtiger Erfahrungen und Lernergebnisse – die Beteiligten fühlen sich dann für zukünftige Projekte besser gerüstet und bringen eine höhere Grundmotivation mit.

Was die Häufigkeit und Intensität motivierender Maßnahmen anbelangt, ist sie abhängig von früheren Erfahrungen der Teammitglieder, des Auftraggebers und der Vorgesetzten, vom Selbstvertrauen des Teams und vom Verlauf des Teamprojektes. Das heißt konkret: Motivierende Maßnahmen muss der Teamleiter umso häufiger und intensiver einsetzen, je schlechter die Vorerfahrungen aller Beteiligten sind, je größer die Unsicherheit des Teams in Bezug auf seine eigenen Fähigkeiten ist und je problematischer und krisenbehafteter das Teamprojekt verläuft.

Im Einzelnen muss der Teamleiter als Motivator z. B. folgende Tätigkeiten wahrnehmen:

- Er diagnostiziert die Teamsituation im Hinblick auf motivationsfördernde und motivationshemmende Voraussetzungen sowohl technisch-organisatorischer als auch psychosozialer Art,

- er arbeitet mit den Teammitgliedern zusammen Bedürfnisse und Wünsche heraus, deren Erfüllung aus der Sicht der Teammitglieder bedeutsam ist für ihre hohe Arbeitsmotivation,
- er erstellt außerdem Motivationsprofile für seine einzelnen Teammitglieder,
- er setzt sich für die Herstellung motivationsfördernder technisch-organisatorischer Rahmenbedingungen ein, z. B. Einsatz von Maschinen zur Arbeitserleichterung, ansprechende und komfortable Gestaltung der Arbeitsplätze, flexible Regelung der Arbeitszeiten, angemessene Entlohnung, geeignetes System zur Rückmeldung von Erfolgen des Teams, an die Fähigkeiten und Vorlieben der Teammitglieder angepasste Aufgabenverteilung etc.,
- er fördert ein günstiges psychosoziales Klima im Team, indem er z. B. ein offenes Ohr und Verständnis für Probleme und Anliegen der Teammitglieder hat, seinen Teammitgliedern Vertrauen entgegenbringt, verdiente Anerkennung offen ausspricht, Dankbarkeit für gemeinsam Erreichtes zum Ausdruck bringt, Kritik in Gestalt förderlicher Anregung und Hilfe vermittelt, den Aufbau persönlicher Beziehungen zwischen den Teammitgliedern unterstützt, gemeinsame Freizeitaktivitäten organisiert, freie Meinungsäußerung schätzt etc.,
- er führt gegebenenfalls Motivationsgespräche mit einzelnen Teammitgliedern,
- er macht allen Beteiligten immer wieder die Notwendigkeit von Geduld, Ausdauer und Motivation für den Teamerfolg deutlich,
- er beherrscht selbst Techniken zur Selbstmotivation, wendet sie an und gibt sein Wissen an die Teammitglieder weiter und
- er informiert alle Beteiligten umfassend über Teamerfolge und auch notwendige Entwicklungsprozesse im Team.

Die Rolle als Motivator erfordert konkret, dass der Teamleiter über grundlegendes Wissen im Bereich der **Motivationspsychologie** verfügt bzgl.:

- Analyse der Faktoren für Arbeitsmotivation,
- Erstellung und Auswertung von Motivprofilen,

- Durchführung von Motivationsgesprächen und
- teamgerechter Führungsstil.

Ziel der Aktivitäten des Teamleiters als Motivator ist es, rund um den Teamalltag motivationsförderliche Bedingungen zu schaffen und auf diesem Wege eine **hohe Arbeitszufriedenheit und -leistung** für die gesamte Laufzeit des Teamauftrags sicherzustellen. Da es jedoch nicht Sinn und Zweck sein kann, dass der Teamleiter sich täglich aufs Neue mit der Last der Frage herumschleppt „Wie motiviere ich mein Team heute?“, muss es langfristig sein Ziel sein, die Teammitglieder auch in punkto Motivation so weit wie möglich von ihm „abzunabeln“. Hochleistungsteams zeichnen sich unter anderem auch dadurch aus, dass sich die einzelnen Teammitglieder selbst gut motivieren können.

Angesichts der Vielfalt von Aufgaben des Teamleiters, wie sie in diesem Kapitel skizziert wurden, wird offensichtlich, dass Teamarbeit sehr hohe Anforderungen an die betroffenen Führungskräfte stellt. Nicht umsonst liest man nicht selten vom „Multitalent Teamleiter“. Die folgende Checkliste fasst die Tätigkeiten und Funktionen des Teamleiters in einem Überblick zusammen.

Goldene Regeln für motivierendes Führungsverhalten

- Verständnis für das Menschliche auf der Gegenseite zeigen
- Dem anderen Vertrauen entgegenbringen
- Hilfsbereitschaft zeigen
- Interesse und Sympathie entgegenbringen
- Vorbildlich wirken bzw. vorausgehen
- Zuverlässigkeit beweisen
- Durch Sachlichkeit den Überzeugungsprozess positiv gestalten
- Begeisterung übertragen
- Durch gute Fragen das Mitdenken herausfordern
- Guter Zuhörer sein
- Verdiente Anerkennung gewinnend aussprechen
- Dankbarkeit für gemeinsam Erreichtes bezeugen
- Kritik in Gestalt förderlicher Anregung und Hilfe vermitteln
- Durch Erfüllen eigener Versprechen die gute Beziehung bestätigen

- Freude an der Arbeit vermitteln
- Zur Zielsetzung anleiten
- Geduld und Freundschaftlichkeit zeigen
- Gut und interessant instruieren
- Periodisch Standortbestimmung/Bewertung durchführen
- Optimale Einführung in Aufgabe und Verantwortung
- Anpassung der Aufgabenstellung an die Fähigkeiten
- Optimierung des Arbeitsplatzes
- Mitsprache ermöglichen
- Mitbestimmung im Rahmen gegebener Kompetenz ermöglichen
- Information optimieren
- Förderung und Weiterbildungsmöglichkeiten der Mitarbeiter
- Verdiente Beförderung vornehmen
- Gerecht entlohnen
- Titel vergeben, wo angebracht

Führen im Team heißt, andere zum Erfolg kommen lassen!

Checkliste: Aufgabenprofil des Teamleiters	
Schätzen Sie die Aufgabenerfüllung in Ihrem	1 = vernachlässigt
Team ein, indem Sie für folgende Leistungen	2 = teilweise erfüllt
die entsprechende Punktzahl vergeben:	3 = voll erfüllt
Repräsentieren	
	informiert sich gründlich über die Teamsituation und das Teamgeschehen
	filtert die im Team vertretenen Interessen und Meinungen heraus und bündelt sie
	bereitet die Präsentation von Interessen, Problemen und Ergebnissen des Teams fachmännisch vor und führt sie auch sach- und zuhörergerecht durch
	verhandelt geschickt über Forderungen des Teams und Problemlösungen mit dem Rest des Unternehmens
	trifft Maßnahmen zur Entwicklung und Pfleges des Team-Images
	hält regelmäßigen Kontakt zu den für das Team wichtigen Personen
Integrieren	
	analysiert systematisch die Zielsetzung seines Teams, anderer Teams/Abteilungen und des Unternehmens
	macht den Teammitgliedern den Sinn und die Notwendigkeit einer einheitlichen Zielorientierung klar

Checkliste: Aufgabenprofil des Teamleiters	
	formuliert mit dem Team ein übergeordnetes, langfristiges Teamziel und außerdem Etappenziele
	entwickelt mit den Teammitgliedern zusammen einen Maßnahmenplan zur Zielerreichung
	führt eine Ergebnisliste und macht den Teammitgliedern den Stand ihrer Arbeit sichtbar
	überprüft die Ziele des Teams laufend auf Messbarkeit, Erreichbarkeit, Präzision und Relevanz und leitet eventuell eine Revidierung der Ziele ein
	leitet eine Reflexion für die Fälle der verfehlten Zielerreichung ein, formuliert mit den Teammitgliedern Lernergebnisse und neue Aktivitätenpläne
Organisieren	
	erstellt in Abstimmung mit dem Auftraggeber des Teamprojektes einen Rahmenprojektplan, Strukturplan und Ablaufplan
	stellt fest, welche funktionalen Zuständigkeiten für die Erfüllung des Teamauftrages vorhanden sein müssen, und organisiert die Bildung seines Teams entsprechend
	erstellt Kosten-, Termin- und Kapazitätenpläne für das Projekt und stimmt diese sorgfältig aufeinander ab
	formuliert Qualitätsrichtlinien und sorgt für ihre Einhaltung
	organisiert den Informationsaustausch, und die Aktivitätenplanung in Bezug auf die für das Team wichtigen Schnittstellen (andere Teams/Abteilungen, Vorgesetzte etc.)
	sorgt für die Erstellung von Zwischen- und Abschlussberichten über den Verlauf des Projektes
Koordinieren	
	erstellt Tätigkeits- und Qualifikationsprofile für die verschiedenen Funktionen, die im Rahmen des Teamauftrages erfüllt werden müssen
	nimmt anhand der Funktionsprofile eine gezielte, zweckmäßige und gerechte Aufgabenverteilung im Team vor
	stellt die Bewältigung der Aufgabe durch exakte Instruktionen für das beauftragte Teammitglied, klare Prioritätensetzung und eventuell individuelle Trainingsmaßnahmen sicher
	organisiert ein Informationssystem, das sicherstellt, dass alle wichtigen Informationen zur richtigen Zeit am richtigen Ort auf passende Art und Weise verfügbar sind
Kommunizieren	
	sichert die vollständige und verständliche Übermittlung sämtlicher wichtiger Informationen an alle Teammitglieder durch Abbau von Informationsgefällen und -filtern
	stellt zu klärende Sachverhalte rechtzeitig und erschöpfend zur Diskussion

Checkliste: Aufgabenprofil des Teamleiters	
	steht als Ansprechpartner für Anliegen seiner Teamkollegen zur Verfügung
	zeigt selbst allgemein kommunikationsfördernde Verhaltensweisen und unterstützt diese gezielt durch positive Rückmeldung auch bei seinen Teamkollegen
	praktiziert selbst eine Haltung der Wertschätzung und des Respektes gegenüber seinen Teamkollegen nach dem Motto „Ich bin o. k., du bist o. k. und wir sind o. k."
	wendet selbst Methoden zur Vermeidung von Kommunikationshindernissen und -störungen an.
Moderieren	
	bereitet die in Teambesprechungen zu behandelnden Themen entsprechend vor
	entwirft Ziele, Zeitplan und Spielregeln für die Teambesprechungen und stimmt sie mit den Teammitgliedern ab
	übernimmt die Organisation der Rahmenbedingungen für Teambesprechungen
	achtet als „Torhüter" darauf, dass die Teammitglieder sich an die vereinbarten Spielregeln halten
	bringt auftretende Probleme auf den Punkt und regt ihre gründliche Analyse an
	greift steuernd ins Gesprächsgeschehen ein, wenn die Diskussion vom eigentlichen Thema abzuschweifen droht oder nur einzelne Teammitglieder die Diskussion zu beherrschen drohen
	überwacht, dass nötige Entscheidungen in einem angemessenen Verfahren getroffen werden und nicht über rigorose
Mehrheitsentscheidungen	
	fasst Zwischenergebnisse der Diskussion für die Teammitglieder von Zeit zu Zeit zusammen und überprüft diese auf die vereinbarte Zielrichtung hin
	fasst am Ende der Teambesprechung in einem Aktions- oder Maßnahmenplan die erzielten Resultate zusammen und zieht Bilanz in Bezug auf offene Punkte, Unklarheiten etc.
Balancieren	
	ist sensibel für Konfliktsignale, identifiziert ggf. die Konfliktparteien und bringt sie zu einem offenen Konfliktgespräch an einen Tisch
	schafft die erforderlichen Rahmenbedingungen für erfolgreiche Konfliktgespräche
	arbeitet gemeinsam mit allen Beteiligten die Konfliktursachen und -inhalte klar heraus und macht sie auf diese Weise allen bewusst
	überwacht die Einhaltung vorher vereinbarter Spielregeln für das Konfliktgespräch und unterstützt es, dass die Erwartungen und Ziele der Konfliktparteien analysiert und unmissverständlich formuliert werden
	fördert die gemeinsame Erarbeitung möglicher Lösungen für das dem Konflikt zugrunde liegende Problem

Checkliste: Aufgabenprofil des Teamleiters	
	reflektiert nachträglich mit allen Beteiligten und Betroffenen den Konflikt und seine Bearbeitung und formuliert die Lernergebnisse konkret
Motivieren	
	diagnostiziert die Teamsituation im Hinblick auf motivationsfördernde und motivationshemmende Voraussetzungen sowohl technisch-organisatorischer als auch psychosozialer Art
	erstellt Motivationsprofile für seine einzelnen Teammitglieder und stimmt die Aufgabenverteilung darauf ab
	setzt sich für die Herstellung motivationsfördernder technisch-organisatorischer Rahmenbedingungen ein, z. B. Einsatz von Maschinen zur Arbeitserleichterung, komfortable Gestaltung der Arbeitsplätze, flexible Regelung der
Arbeitszeiten	
	fördert ein günstiges psychosoziales Klima im Team, indem er z. B. ein Verständnis für Probleme und Anliegen der Teammitglieder hat, seinen Teammitgliedern Vertrauen entgegenbringt, verdiente Anerkennung offen ausspricht etc.
	führt gegebenenfalls Motivationsgespräche mit einzelnen Teammitgliedern
	macht allen Beteiligten immer wieder die Notwendigkeit von Geduld, Ausdauer und Motivation für den Teamerfolg deutlich
	informiert alle Beteiligten umfassend über Teamerfolge und notwendige Entwicklungsprozesse im Team
Zählen Sie Ihre Punktzahl zusammen:	
51–77 =	Die große Mehrzahl der für das Team wichtigen Aufgaben sind nicht ausreichend erfüllt. Der Erfolg Ihres Teams ist dadurch sehr gefährdet! Prüfen Sie Arbeit und Organisation im Team gründlich!
78–127 =	Einige Funktionen im Team sind bereits gut entwickelt, andere sind nur unzureichend bzw. nur teilweise erfüllt. Analysieren Sie sorgfältig Stärken und Schwachstellen und erstellen Sie gemeinsam einen Maßnahmenkatalog!
128–153 =	Die lebenswichtigen Aufgaben werden in Ihrem Team überwiegend voll erfüllt. Damit hat ihr Team eine gute Erfolgsbasis. Behalten Sie jedoch die Entwicklung Ihres Teams weiterhin im Auge!

4. Kapitel

Teamorganisation lernen – Von der Hierarchie zur Teamorganisation

In der Praxis hat sich gezeigt, dass für die Umsetzung der Teamidee eine Reihe von Hürden mit verschiedener Höhe zu nehmen sind. Es müssen

- **organisatorische Rahmenbedingungen** hergestellt werden, die sicherstellen, dass der Teamgedanke auch tatsächlich gelebt werden kann. Dazu gehören sowohl das passende räumliche Arrangement als auch die Umgestaltung des Belohnungssystems.
- **technische Voraussetzungen** geschaffen werden, z. B. die Installation entsprechender EDV-Systeme.
- **überzeugende Begründungen** für die Aufwendungen gefunden werden, die Teamorganisation als sinnvolle Investition in die Zukunft auch rechtfertigen.
- **Führungskräfte und Mitarbeiter** von der Richtigkeit und Notwendigkeit von Teamorganisation **überzeugt** und als aktive Mitstreiter **gewonnen werden**.

Gerade dieser letzte Punkt wird häufig weit unterschätzt und stellt sich manchmal als unüberwindbares Hindernis dar. Teamorganisation einführen heißt, dass die „alte" Organisation, und damit alle Mitarbeiter in der Organisation, einschneidende **Lernschritte** vollziehen müssen.

In der Praxis müssen Sie jedoch damit rechnen, auf allen Ebenen Widerständler, Multiplikatoren, Aktivisten und Mitläufer zu finden.

Im Wesentlichen müssen bei der Überzeugung und Gewinnung der Mitarbeiter und Führungskräfte vier Hindernisse überwunden werden (Abb. 28):

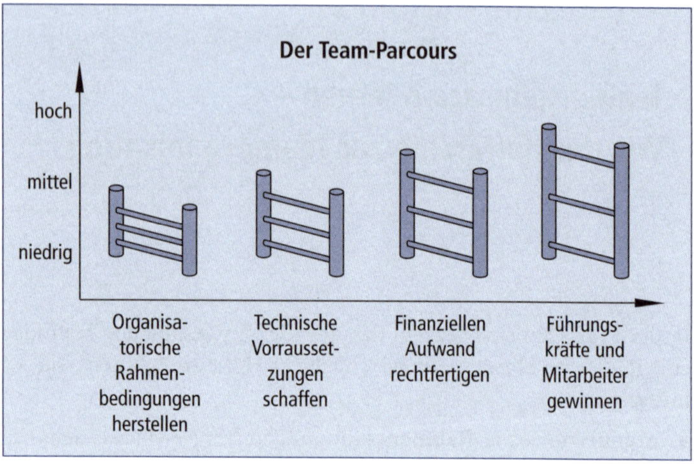

Abb. 28: Hürden bei der Einführung von Teamorganisation

(1) Gemeinsames Grundwissen herstellen:

Hier geht es um die Frage **„Wie bringe ich alle Betroffenen auf den notwendigen Wissensstand, damit sie das Wesen der Teamidee verstehen?"**

Dabei ist von zentraler Bedeutung, dass folgende Fragen von jedem verstanden werden:

- Wie haben wir bisher zusammengearbeitet (alter Zustand)?
- Wie müssen wir in Zukunft zusammenarbeiten (neuer Zustand)?
- Warum hat/muss sich das verändern (Transparenz, Perspektive)?
- Was bedeutet das für jeden Einzelnen (Qualifikationsanforderungen)?
- In welchen Schritten geschieht das (Vorgehensweise)? **Außerdem muss das Thema „Beteiligung" geklärt sein:**
- Wer muss beteiligt werden?

- Welche Probleme gibt es bei der Beteiligung?
- Warum soll wer beteiligt werden?
- Welche Formen der Beteiligung gibt es?
- Wie gestalte ich Beteiligungsprozesse?
- Wie kann Beteiligung im Unternehmen organisatorisch verankert werden?

(2) **Gemeinsames Wollen erzeugen:**

Die Leitfrage hierbei ist **„Welche Überzeugungsstrategien müssen eingesetzt werden, um alle Beteiligten für Teamorganisation zu begeistern?"**

(3) **Gemeinsames Können sicherstellen:**

Die Leitfrage ist **„Welche konkreten Fähigkeiten und Kompetenzen müssen erlernt oder entwickelt werden?"**

(4) **Gemeinsames Tun fördern:**

Dabei steht die Frage im Vordergrund **„Welche konkrete Umsetzungsstrategie ist zu wählen, damit alle Betroffenen aktiv mitmachen?"**

Erfahrungsgemäß steht den tief greifenden Veränderungen, die mit einer Umgestaltung des Unternehmens zur Teamorganisation einhergehen, die „Trägheit" des alten Verhaltens im Weg. Die Einführung des Teamkonzeptes fordert eine **gesamthafte Organisationsentwicklung**, das bedeutet **nicht organisierte Veränderung der Unternehmensstruktur von außen, sondern organische Veränderung aus dem Herzen des Unternehmens.**

Althergebrachtes, Vertrautes wird von Führungskräften und Mitarbeitern im Unternehmen nicht freiwillig aufgegeben, sondern Gewohnheiten müssen gezielt verändert werden. Hiermit gewinnt **Qualifizierung einen strategischen Stellenwert** im Unternehmen.

4.1 Stellenwert von Qualifizierung

Wie gezeigt, steht und fällt in der Praxis die erfolgreiche Einführung von Teamorganisation in einem Unternehmen in erster Linie mit der Unterstützung bzw. dem Widerstand der Führungskräfte und Mitarbeiter. Es liegt in ihren Händen, hinsichtlich

- des Unternehmens die Unternehmensorganisation **teamfreundlich** mitzugestalten und die Unternehmensphilosophie im Team durch Praktizieren glaubhaft zu machen,
- des Teamprojektes die Aufgabenstellung **teamarbeitsgerecht** zu formulieren und die Ziele durch Einbeziehung der Bedürfnisse der Teammitglieder erstrebenswert zu machen,
- des Teams Teamgeist zu fördern und die Effizienz der Kooperation durch den Aufbau konstruktiver zwischenmenschlicher Beziehungen zu fördern,
- des einzelnen Teammitgliedes das Energiepotential jedes einzelnen Teammitgliedes voll auszuschöpfen und dauerhafte Arbeitszufriedenheit sicherzustellen.

Angesichts dieser Schlüsselposition der Führungskräfte und Mitarbeiter kann die Bedeutung ihrer gründlichen Qualifizierung nicht genügend betont werden.

Einerseits leisten Qualifizierungsprozesse wichtige Schrittmacherfunktionen für die Umsetzung neuer Arbeitsstrukturen, andererseits unterstützen sie wesentlich die Schaffung persönlichkeitsförderlicher Arbeit. Allgemein zeigt sich immer deutlicher, dass die Qualifikationen der Mitarbeiter heute für Betriebe einen Faktor darstellt, der über Produktivität und Wirtschaftlichkeit, Wettbewerb und Innovation sowie über Effizienz und Akzeptanz technisch-organisatorischer Veränderungen maßgeblich mitentscheidet.

Je nach betrieblicher Arbeitsorganisation, der vom Team zu lösenden Aufgabe, dem geplanten Aufgabenzuschnitt und der eingesetzten Mittel werden Qualifizierungsmaßnahmen unterschiedlich im Hinblick auf Breite und Tiefe, inhaltliche und methodische Gestaltung und Zeitaufwand ausgerichtet sein müssen. Besonders hervorzuheben sind dabei neben **technikbezogenen** und **fachlichen Qualifikationen** zunehmend auch solche Qualifikationsmerkmale, die sich mit Begriffen wie **Problemlösungskompetenz**, **systematisches Denken** und **Handlungskompetenz** umschreiben lassen (Abb. 29). Für Teamarbeit ist darüber hinaus eine Weiterbildung der Mitarbeiter erforderlich, die sich auf den Komplex **„soziale Kompetenz"** bezieht. Hier geht es um fach- und funktionsübergreifende Qualifikationen wie beispielsweise **Kommunikations- und Kooperationsfähigkeit**.

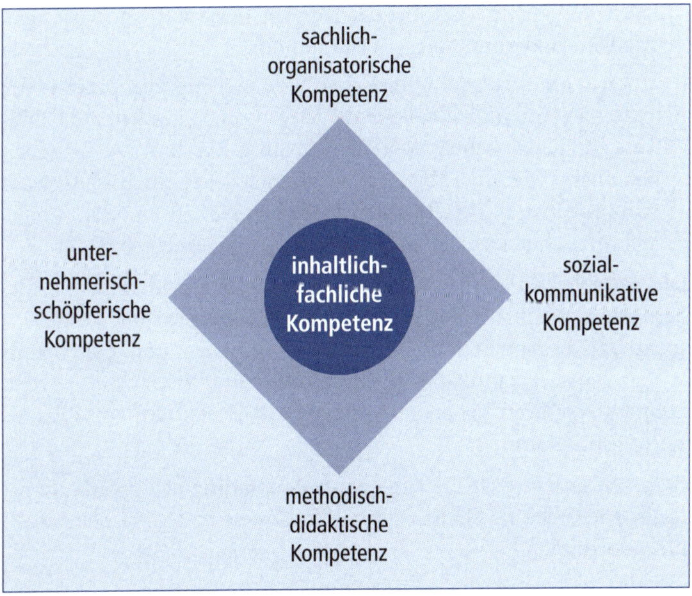

Abb. 29: Kompetenzen des Teamleiters

Legt man die acht verschiedenen Funktionen im Team zugrunde, so kann zusammengefasst das Qualifizierungsziel für Teamleiter und Teammitglieder mit umfassender **Handlungskompetenz** umschrieben werden, im Sinne einer Kombination aus

- **sachlich-organisatorischer Kompetenz** (sachliche Bewältigung der Aufgabenanforderungen), wie z. B. Informations-, Zeit- und Projektmanagement,
- **inhaltlich-fachlicher Kompetenz** (umfassendes Expertenwissen über die Aufgabenstellung), wie z. B. inhaltliches Detailwissen, Beherrschung der fachspezifischen Grundhandwerkzeuge,
- **sozial-kommunikativer Kompetenz** (Handlungsfähigkeit im Rahmen der sozialen Arbeitssituation), wie z. B. Kommunikations- und Konfliktmanagement,
- **methodisch-didaktischer Kompetenz** (Anwendung methodischer Vorgehensweisen bei der Tätigkeit), wie z. B. und Vortrags-, Medien- und Verhandlungstechnik und
- **unternehmerisch-schöpferischer/Veränderungskompetenz** (Bereitschaft zum individuellen und gemeinsamen Lernen und Fähigkeit zur persönlichen Weiterentwicklung hin zum „realistischen Visionär") wie z. B. Fähigkeit zur systematischen Analyse, Abstraktion, Kreativität, Belastbarkeit, Risikobereitschaft und zum unternehmerischen Denken und Handeln.

Die Tatsache, dass Art, zeitliche Strukturierung und Inhalte erforderlicher Qualifizierungsprozesse nicht losgelöst vom Aufgabenspektrum, besonderen betrieblichen Merkmalen und den bereits vorhandenen Qualifikationen der Mitarbeiter betrachtet werden können, erschwert generelle Aussagen zur Gestaltung von Qualifizierungsprogrammen.

Es lassen sich jedoch folgende **zentrale Qualifizierungsinhalte** für die Förderung von **Schlüsselqualifikationen** in Teamarbeit-Strukturen formulieren:

- Umfassende Erweiterung des notwendigen Fachwissens.
- Je nach Autonomiegrad des Teams sind Qualifizierungsmaßnahmen für arbeitsvorbereitende und -planende Tätigkeiten notwendig; diese sollten einerseits in ein Grundverständnis gesamtbetrieblicher Abläufe eingebettet sein und andererseits Mitarbeiter angrenzender betrieblicher Bereiche einbeziehen, um innerbetriebliche Reibungsverluste beim Aufbau des Teams zu minimieren.

- Vermittlung ausreichenden Wissens über betriebliche Zusammenhänge; allgemeine Kenntnisse zum innerbetrieblichen Informationsfluss und zur betrieblichen Aufbau- und Ablauforganisation.
- Vorbereitung auf veränderte Anforderungen an die Kommunikations- und Teamfähigkeit der Mitarbeiter; jedes Mitglied muss einerseits fähig sein in integrierten Aufgabenzusammenhängen zu denken und Abstimmungserfordernisse zu erkennen, und andererseits ist es ebenso wichtig, dass es ein kooperatives Arbeitsverhalten zeigt und zu einem teamorientierten Arbeitsstil fähig ist.

Diese angesprochenen **Schlüsselqualifikationen für Teamarbeit** lassen sich durch gezielte Qualifizierungs- und Trainingsmaßnahmen fördern. Bevor diese durchgeführt werden, sollten Moderatoren und Trainer Interaktionsprozesse im Team beobachten können, um auf die wesentlichen Problembereiche in der Gruppe Einfluss nehmen zu können. Dann erst sollte man mit den Schulungs- und Trainingsmaßnahmen zu den genannten Themen beginnen.

Auf die Frage, welche Lernformen ein Betrieb einsetzen soll, um die neuen Anforderungen der genannten Qualifizierungsinhalte sozialer Kompetenz in die Weiterbildung umzusetzen, lautet die erfolgversprechendste Antwort: beteiligungsorientierte Arbeitssystemgestaltung – ein ganzheitlicher Ansatz sozialer Innovation, der die **Arbeitstätigkeit und die Entwicklung personaler Fähigkeiten** miteinander verbindet.

Betriebliche Innovationen von der Tragweite neuer Unternehmensstrukturen mit Teamarbeit verlangen geradezu das Einbringen des Know-how sowie des Erfahrungswissens der Mitarbeiter. Mit Blick auf veränderte Arbeitsstrukturen hat man sich zu vergegenwärtigen, dass z. B. neue Produktionskonzepte nur dann effektiv umgesetzt werden können, wenn sie auch den Voraussetzungen, Interessen und Entwicklungsmöglichkeiten der Mitarbeiter angemessen Rechnung tragen. Eine beteiligungsorientierte Arbeitssystemgestaltung für Teamarbeit ermöglicht einerseits eine wirtschaftliche Gestaltungslösung und fördert andererseits die Akzeptanz technisch-organisatorisch-sozialer Innovation. Im Zusammenhang mit der Förderung von Schlüsselqualifikationen im Bereich sozialer Kompetenz gibt es kaum ein besseres Lernfeld als die Beteiligung der Mitarbeiter am Planungs- und Einführungsprozess von Teamarbeit. Planungsaktivitäten für die Konzeption von Teamarbeit sind immer auch Lernprozesse im Hinblick auf die Kommunikations- und Kooperationsfähigkeit der Teilnehmer. Sie unterstützen das Erkennen individueller Stärken und Schwächen sowie künftiger Anforderungen und fördern daneben Persönlichkeitseigenschaften (wie z. B. Kritikfähigkeit, Toleranz) der Mitarbeiter.

Darüber hinaus beinhaltet der beteiligungsorientierte Teamarbeit-Gestaltungsprozess ein **ganzheitliches Lernangebot**, in dem nicht die Teilqualifikationen sozialer Fähigkeiten isoliert trainiert werden, sondern kompetentes Verhalten durch die Arbeit im Planungsteam gefördert wird.

Der Prozess der Organisationsentwicklung mit integrierter Qualifizierung zielt hinsichtlich des Aufgabenzuschnitts auf einen **wachsenden Autonomiegrad der Teams**. Parallel dazu wäre das Ziel der Qualifizierung eine zunehmende Regulierung der Qualifizierungsprozesse durch die Gruppe selbst, d. h. von einem mehr individuellen Lernen entwickelt sich stetig wachsend ein **Gruppen-Lernen**. Nach der Einführungsphase eines Teamarbeits-Konzeptes stellt das einzelne Team selbst das wesentliche Lernfeld für unterschiedliche Qualifizierungsdimensionen. Insbesondere die Schlüsselqualifikationen sozialer Kompetenz sind durch Gestaltungsmaßnahmen im Team im Rahmen der täglichen Arbeitssituation zu fördern. Dazu können regelmäßige Gruppengespräche dienen, oder Qualifikationsdefizite sind mittels Rotationsprinzip gezielt abzubauen.

Idealerweise sollten die organisatorischen und qualifikatorischen Potentiale von Teamarbeit als Chance für die Befriedigung der Bedürfnisse der Mitarbeiter nach einer attraktiveren Arbeit und **persönlicher Entfaltung im Betrieb** begriffen werden.

Die Vielfalt der Anforderungen an den Teamleiter und die Teammitglieder und die damit verbundenen nötigen Kompetenzen vor Augen, erscheint die Durchführung von Trainings zu folgenden **vier thematischen Schwerpunkten** äußerst wichtig:

- Teamsteuerung und Teammanagement
- Kommunikations- und Konfliktmanagement
- Ziel- und Effektivitätsmanagement
- Persönlichkeit des Teamleiters bzw. der Teammitglieder

Diese vier Themenbereiche lassen sich z. B. in vier entsprechenden Trainingsbausteinen nacheinander abarbeiten. Für jeden der vier Trainingsbausteine ist ein mehrtägiges Seminar einzuplanen. Dabei ist es zweckmäßig, pro Trainingsbaustein zwei Blöcke zu bilden. Eine derartige Aufteilung der Gesamtdauer des Seminars bietet den Vorteil, dass die Teilnehmer nicht zu viel Informationen auf einmal verdauen müssen und zwischen den Seminarblöcken Zeit haben, im Seminar erworbene Kenntnisse und Fertigkeiten in der Praxis zu erproben. Außerdem können diese Praxiserfahrungen im zweiten Seminarblock dann entsprechend thematisiert und verwertet werden.

In diesen mehrtägigen Seminaren, deren Dauer je nach Unternehmen und inhaltlichen Schwerpunkten variiert, sollen die Teilnehmer neben dem reinen Erwerb theoretischer Kenntnisse die Möglichkeit haben:

- überwiegend durch eigenes Experimentieren und eigene Erfahrung zu lernen,
- ihre speziellen Praxisprobleme einzubringen, ihre Erfahrungen untereinander auszutauschen und zu diskutieren und
- die Methoden und Techniken, die sie in der Theorie erläutert bekommen, im Rahmen der Seminarsituation in die Praxis umzusetzen und gründlich zu üben.

Dies alles setzt jedoch die Verwendung zahlreicher, zwar zeit- aber auch lernintensiver Seminarmethoden voraus wie z. B. Rollenspiele, Diskussionsrunden, Videoanalysen etc.

Die Teilnehmerzahl ist bei höchstens 12 anzusetzen, da der Lern- und Übungseffekt sowie die Betreuung der einzelnen Teilnehmer durch den Seminarleiter bei größeren Gruppen nicht mehr in vollem Ausmaß gewährleistet ist.

Trainingsbaustein I: Grundlagen des Teammanagements

Lernziele:

- **Sensibilisierung** erreichen für die Wirkung
  - des persönlichen Verhaltens auf gruppendynamische Prozesse,
  - des Teams als Einheit auf das Verhalten und Denken seiner einzelnen Mitglieder,
  - der Gruppendynamik auf die Effektivität der Arbeit im Team und
  - von Empathie und Toleranz auf das Zusammenleben und -arbeiten im Team.
- **Einblick** gewinnen in die Problematik
  - bedarfsgerechter Planung und Verwaltung der Ressourcen des Teams,
  - der Moderation von Teamsitzungen,
  - des Einflusses von Gruppenprozessen auf die sachliche Ebene und
  - der Veränderung der Rolle des Teamleiters im Laufe der Entwicklung eines Teams.
- **Kenntnis** erwerben über die
  - Faktoren erfolgreicher Projektarbeit,
  - Teamarbeitsform als notwendige und sinnvolle Arbeitsform,
  - Anforderungen des Teamleiters an seine Teammitglieder und
  - Phasen und Regeln erfolgreicher Moderation von Teamsitzungen.
- **Methoden und Techniken** kennen lernen und üben
  - zur Bündelung, Förderung und Ausschöpfung des Wissens- und Energiepotentials des Teams,
  - zur effektiven Vorbereitung, Durchführung und Nachbereitung von Teamsitzungen und Teambesprechungen und
  - zur Steuerung von gruppendynamischen Prozessen wie z. B. Problemlösung und Entscheidungsfindung im Team.

Lerninhalte:

- Begriffsklärung „Team"
- Prinzipien der Teamorganisation
- Grundsätze der Teambildung und Teamentwicklung
- Methoden und Techniken zur gezielten Diagnose und Beeinflussung gruppendynamischer Prozesse, z. B. Moderation

Trainingsbaustein II: Grundlagen des Kommunikations- und Konfliktmanagements

Lernziele:

- **Sensibilisierung** bewirken für
  - persönliche Schwächen und Stärken in Bezug auf Kommunikationsverhalten und Konfliktstil,
  - die Art und Weise, wie jemand auf einen Dritten wirkt,
  - die Rolle von Wahrnehmungen, Gefühlen, Bedürfnissen, Wünschen etc. für Kommunikation und Konfliktlösung und
  - allgemein gesprächs- und beziehungsfördernde bzw. -hemmende Verhaltensweisen.
- **Bewusstsein** formen für die Problematik
  - der Diskrepanz zwischen Selbst- und Fremdwahrnehmung,
  - der Überprüfung der Wahrnehmung durch Kommunikation,
  - mangelnder Fähigkeit zur Artikulation eigener Interessen und Meinungen,
  - des Einflusses der persönlichen Werthaltung gegenüber dem Gesprächspartner auf die Kommunikation,
  - von Kommunikation und Wahrnehmung als Voraussetzung für Kooperation und
  - von Kommunikation und Konflikten als vielschichtige und komplexe Prozesse im Team.
- **Kenntnis** erwerben über
  - grundlegende Prinzipien zwischenmenschlicher Kommunikation und Konfliktentstehung,
  - bedeutsame Kommunikationshindernisse sowie verschiedene Ursachen und Arten von Konflikten und
  - kommunikative und interaktive Besonderheiten im Konfliktfall.
- **Methoden und Techniken** der Gesprächsoptimierung kennen lernen und üben für
  - die Gestaltung eines reibungslosen Informations- und Erfahrungsaustauschs zwischen den Teammitgliedern und
  - den konstruktiven Umgang mit Kommunikationsstörungen und Konflikten.

Lerninhalte:

- Grundprinzipien zwischenmenschlicher Kommunikation · Parameter effektiver Kommunikation
- „Besonderheiten" zwischenmenschlicher Kommunikation
- Konfliktpotentiale der Teamarbeit
- Systematische Analyse und Bearbeitung von Konflikten
- Strategien zur Gesprächsoptimierung

Trainingsbaustein III: Grundlagen des Ziel- und Effektivitätsmanagements

Lernziele:

- **Sensibilisierung** bewirken für die Bedeutung
  - einer starken Identifikation der einzelnen Teammitglieder mit dem Teamziel für den Teamerfolg und
  - klarer Prioritätensetzung für die planmäßige Bewältigung der Teamaufgabe.
- **Einblick** gewinnen in die Problematik
  - des Führens durch Zielvereinbarung (Management by Objectives),
  - effektiver Aufgabenverteilung im Team,
  - einer optimalen Zeiteinteilung und
  - des Eingliederns aller Teammitglieder in organisatorisch festgelegte Vorgehensweisen.
- **Kenntnis** erwerben über
  - die nötigen organisatorischen Vorkehrungen für die erfolgreiche Durchführung von Teamprojekten,
  - Grundregeln für effektive Zielsetzung,
  - verschiedene Prinzipien der Prioritätensetzung und
  - unterschiedliche Termin- und Merksysteme zur Verbesserung der eigenen Zeitplanung.
- **Methoden und Techniken** kennen lernen und üben zur Sicherstellung
  - einer einheitlichen Zielorientierung und Förderung der Zielakzeptanz,
  - einer klaren Aufgabenverteilung und Prioritätensetzung,
  - optimaler Zeiteinteilung und Zeitnutzung und

- der Einhaltung der festgelegten Methodik und Systematik im Teamprozess.

Lerninhalte:

- Grundlagen des Projektmanagements
- Prinzipien effektiven Zeitmanagements
- Grundsätze klarer Prioritätensetzung
- Regeln wirkungsvollen Zielmanagements

Trainingsbaustein IV: Die Persönlichkeit des Teamleiters

Lernziele:

- Sensibilisierung bewirken für
  - die persönlichen Stärken, Schwächen und Potentiale,
  - starre, wenig situationsgerechte habituelle Verhaltensweisen,
  - das eigene Erleben und die eigene Wirkung auf andere und
  - die Wirkung des persönlichen Führungsstils im Team.
- **Bewusstsein** formen für die Wichtigkeit
  - der persönlichen Bereitschaft zur Teilnahme an der Teamarbeitsform für den Teamerfolg,
  - der Fähigkeit, die eigene Begeisterung und Motivation auf die Teammitglieder übertragen zu können,
  - eines veränderten Verständnisses, was die Rolle der Führungskraft als Teamleiter und die Rolle der Mitarbeiter als Teammitglieder anbelangt.
- **Einblick** gewinnen in die Problematik
  - von intrapersonaler und interpersonaler Wahrnehmung,
  - der Mechanismen der Gewohnheit,
  - von Ängsten und Widerständen gegenüber Veränderungen,
  - des Umgangs mit Fehlern,
  - des Gebrauchs und Missbrauchs von Macht und
  - kooperativer Führung unter emotional belastenden Bedingungen.
- **Kenntnis** erwerben bzgl. der
  - spezifischen Anforderungen an den Teamleiter innerhalb von Teamorganisationen,

  - allgemeinen Voraussetzungen für die erfolgreiche Veränderung von eingeschliffenen Verhaltensweisen,
  - geeigneten Führungsprinzipien im Team und
  - förderlichen und hemmenden Faktoren für Motivation und Kreativität im Team.
- **Methoden und Techniken** kennen lernen und üben
  - zur Verbesserung der Selbst- und Fremdwahrnehmung,
  - situativer und kooperativer Führung im Team,
  - zur dauerhaften Selbstmotivation und Motivierung von Teammitgliedern und
  - zur systematischen Förderung von Kreativität im Team.

Lerninhalte:

- Grundlagen der Motivationspsychologie
- Grundsätze der effektiven Führung im Team
- Methoden zur Förderung von Kreativität
- Instrumente zur Verbesserung der Selbstwahrnehmung

Da das Lernen durch Erfahrung und Übung im Mittelpunkt der Seminare steht, ist es sehr hilfreich und nützlich, wenn auch verschiedene Medien zur Gestaltung des Seminars zur Verfügung stehen. Tafel, Flipchart, Pinnwände, Moderatorenkoffer, Videorecorder, Overheadprojektor etc. sind nur einige Beispiele für Medien, mit Hilfe derer die Trainings anschaulich und abwechslungsreich gestaltet werden können und somit die Lerneffekte optimiert werden können.

Es ist an dieser Stelle zu betonen, dass die im Folgenden dargestellten Trainingsbausteine „Modell- bzw. Vorlagencharakter“ besitzen. Das heißt, wenn sie in der Praxis zum Einsatz kommen, müssen ihre Details auf die jeweiligen betrieblichen Gegebenheiten abgestimmt werden. Denn: Spezifische Qualifizierungsanforderungen an die Teamleiter lassen sich nur unter Berücksichtigung der betrieblichen Besonderheiten, z. B. in Bezug auf Arbeitsorganisation, Produktpalette, Technikeinsatz etc., optimal ausloten.

Entsprechend den „Eigenheiten“ jedes Unternehmens müssen demnach Qualifizierungsmaßnahmen unterschiedlich im Hinblick auf

Breite und Tiefe, auf inhaltliche und methodische Gestaltung und nicht zuletzt auf Zeitaufwand und Dauer gestaltet werden.

Für die Sicherstellung erfolgreicher Teamarbeit kann die Durchführung von Trainings zu den beschriebenen vier Trainingsbausteinen allerdings nur der Anfang sein.

Erstens vermitteln diese **Trainingsbausteine nur Basiswissen**, das im Laufe der fortschreitenden Teamentwicklung unbedingt einer Ergänzung und Vertiefung durch aufbauende Seminare bedarf.

Zweitens darf **Lernen rund ums Thema „Team" nicht allein auf die Seminarsituation beschränkt** bleiben, sondern muss sich am Arbeitsplatz fortsetzen. Da das Ziel der Entwicklung des Teams weitgehendes Selbstmanagement ist, wandelt sich die Rolle des Teamleiters, wie bereits erwähnt, vom Koordinator, Organisator, Repräsentator etc. immer mehr hin zum „Coach" des Teams. Als dieser ist es in erster Linie seine Aufgabe Teamentwicklung zu fördern, indem er für die Teammitglieder ein entsprechend günstiges Lernklima schafft und auch sein eigenes Wissen und seine Erfahrungen weitergibt. Diese **Rolle des Teamleiters als „Co-Trainer"** vor Ort in einem fortgeschrittenen Team erfordert noch **spezielle Qualifizierungsmaßnahmen**.

Drittens machen es Blockaden für die Teamentwicklung häufig nötig, eine **fachmännische Diagnose und Analyse der Teamsituation** vorzunehmen und Teamleiter und Team zusätzlich von externen Beratern vor Ort professionell zu betreuen.

Viertens dürfen sich **Qualifizierungsmaßnahmen nicht auf die Führungsebene beschränken**. Nur wenn alle Teammitglieder gründlich mit den Regeln des Teammanagements vertraut gemacht werden und jedes einzelne Teammitglied die nötige umfassende Handlungskompetenz erwerben kann, ist effiziente Teamarbeit möglich.

Insgesamt lässt sich sagen, dass in der betrieblichen Praxis Qualifizierungsprogramme eine wichtige Schrittmacherfunktion für die Realisierung von Teamarbeit übernehmen. Doch obwohl dies in den oberen Führungsetagen durchaus anerkannt wird und auch nahezu Einstimmigkeit besteht, dass Mitarbeiterqualifikation ein bedeutender Faktor ist für Produktivität, Wirtschaftlichkeit und Wettbewerbsfähigkeit des Unternehmens, lassen sich in der Qualifizierungspraxis der Unternehmen noch deutliche Defizite nachweisen *(Krüger 1991, Robinson 1998)*, wie z. B.

- eine nur an Betriebsmitteln orientierte technikzentrierte Weiterbildung,
- kein ausreichendes Zeitbudget für Qualifizierungsprozesse,
- eine zu starke Gewichtung individueller Lernangebote und
- Vernachlässigung der Schlüsselqualifikationen im Bereich von sozialer Kompetenz.

An ebendiesen Schwachstellen krankt es in den Unternehmen häufig auch in Bezug auf Qualifizierungsmaßnahmen zur Teamarbeit. Das hat zur Folge, dass die Einführung von Teamarbeit sozusagen eine halbe Sache bleibt, die Teamerfolge sich dementsprechend in Grenzen halten und sich das Teamkonzept in den Unternehmen häufig nicht im geplanten Umfang durchsetzt.

4.2 Coaching – Krisenintervention im Team

Eine als „Entwicklungshilfe“ häufig gewählte Methode der Teamunterstützung von außen ist das Coaching. Der Coach oder Mentor als **teamexterner Ratgeber** hat dabei die Aufgabe, Kenntnisse und Impulse in das Team einzubringen, um die Entscheidungsfindung, Problemlösungsprozesse und allgemein die Kooperation zu beschleunigen und zu verbessern. Sein Einsatz ist zeitlich begrenzt.

Der Einsatz bzw. die Betreuung eines Teams durch einen Coach ist besonders dann angesagt, wenn Entwicklung bzw. Bestand des Teamgeistes gefährdet ist und unlösbare Probleme die Effizienz des Teams blockieren. Erfahrungsgemäß ist der Einsatz eines Coachs ratsam bei typischen Problemen

- **in der Anfangs- bzw. Gründungsphase eines Teams,** z. B.: „Unsere Sitzungen werden durch nicht angesprochene Konflikte, die unterschwellig vorhanden sind, erheblich belastet. Aber da traut sich keiner heran. Wir müssten einfach offener miteinander reden!“

- **im Verlauf der Teamarbeit,** z. B.: „Die Teamleiter haben Kompetenzen, die auch von fast allen Führungskräften aus den Fachabteilungen akzeptiert werden. Und dennoch: Mancher Teamleiter nutzt seine Kompetenzen nicht, es wird immer noch zu viel Zeit mit unproduktiven Rückversicherungen vertan.“
- **im Kommunikations- und Informationsfluss,** z. B.: Mitarbeiter kritisieren das Verhalten des Teamleiters: „Er kann seine Ideen einfach nicht vermitteln, manchmal hat man den Eindruck, er kommt direkt von der Universität und kennt unsere Praxis nicht.“
- **im Umgang mit Hierarchen und Entscheidungsträgern,** z. B.: Der Teamleiter muss wiederholt erleben, dass die Mitarbeiter des Fachbereichs fest vereinbarte Zusagen mit der Begründung der Arbeitsüberlastung nicht einhalten. In einem Gespräch mit dem Fachbereichsleiter weist er auf diesen Missstand und die damit verbundenen negativen Konsequenzen für das Team hin. Er muss sich aber sagen lassen, dass die Bedürfnisse des Fachbereichs vorrangig sind: „Ich bestimme immer noch, welcher von meinen Mitarbeitern wann und wie lange für Sie arbeitet.“
- **in Bezug auf Veränderungen,** z. B.: Der Teamleiter wird attackiert: „Der hat ja von unserem Bereich keine Ahnung, immerhin verdienen wir noch das Geld und nicht zuletzt für die Herren Systemanalytiker mit.“
- **hinsichtlich „Beteiligung“,** z. B.: Partizipationsbedürfnisse werden blockiert, indem beispielsweise das Management die Einbeziehung von Mitarbeitern aus dem Fachbereich untersagt.
- **beim Abschluss der Teamarbeit,** z. B.: Misslungene Teams werden so schnell wie möglich „im Keller vergraben“. „Der Geist“ spukt aber häufig noch in vielen Folgeteams und kostet Nerven, Zeit und Geld.
- **des Teamleiters mit seiner Rolle,** z. B.: Im Rahmen eines Teams treten erhebliche Widerstände auf. Die betroffenen Mitarbeiter sind unzufrieden mit der Vorgehensweise des Teamleiters. Sie

fühlen sich zu wenig informiert und aufgeklärt über fachliche und zeitliche Perspektiven. In einer Sitzung äußert sich der Teamleiter sehr erstaunt über diese Schwierigkeiten. Er könne gar nicht verstehen, warum die Mitarbeiter so viel Ärger machen. Er sagt: „Ich verstehe das nicht, bin auch für diese Probleme nicht zuständig, dafür haben wir doch die Personalabteilung. Mich interessieren nur die Abläufe und die technische Realisation."

Idealtypisch könnte die Zusammenarbeit des Teams mit dem Berater z. B. wie folgt aussehen: Zunächst formuliert das Team seinen Bedarf nach der Frage „Welche Probleme und Konflikte sind vorhanden?". Dann wird in Zusammenarbeit mit dem Coach versucht, über den gewünschten Zielzustand eine (schriftliche) Vereinbarung zu treffen. Hierfür gilt es zunächst, die Teamsituation möglichst genau zu erfassen und die vorliegenden Probleme zu diagnostizieren. Der Berater erstellt dann einen Entwurf für begleitendes Coaching bzgl. Vorgehen, „Meilensteine" und Erfolgskriterien. Außerdem klärt er mit dem Team seine Rolle als Coach und das Verhältnis zwischen Team und Coach. Im Team wird dann gemeinsam die Vorgehensweise diskutiert und verabschiedet. Daraufhin können dann schließlich die ersten konkreten Schritte zur Krisenintervention unternommen werden.

Damit der Coach bzw. Mentor die gewünschte Weiterentwicklung eines Teams vorantreiben kann, sollten folgende Grundvoraussetzungen gegeben sein:

- **Freiwillige Teilnahme**: Jedes Teammitglied sollte nicht nur wissen, worum es geht, sondern auch freiwillig seine Mitwirkung zugesagt haben. Das Team muss immer erst einbezogen werden, bevor die Beratungsarbeit begonnen wird.
- **Genügend Dikussionszeit**: Wenn ein Team ein Problem zur Diskussion stellt, müssen alle Mitglieder genügend Zeit haben, ihre Meinung zu äußern. Außerdem muss das Team genügend Spielraum haben, um seine Reaktion zu überlegen. Das Thema sollte erst gewechselt werden, wenn es ausdiskutiert ist.
- **Richtige Reihenfolge:** Um ein Team aus der Reserve zu locken, ist es ratsam, bei Krisensitzungen mit einem eher unpersönli-

chen Thema zu beginnen und dann erst in einfachen Schritten die Erfahrungen der Teammitglieder zu vertiefen.

- **Sorgfältige Vorbereitung:** Vor jedem Projekt ist dafür zu sorgen, dass die Bedingungen auf den Bedarf der Teammitglieder zugeschnitten sind und die erforderlichen Mittel bereitstehen.
- **Teamspezifische Entscheidungen:** Jedes Team hat seine eigene Geschichte und seinen eigenen Stil. Weil manche Projekte in der einen Gruppe prächtig klappen, in der anderen aber nicht, ist die Wahl der richtigen Vorgehensweise von entscheidender Bedeutung. Die Gruppe selbst ist der beste Schiedsrichter dafür und sie braucht mitunter Zeit, ihr Entwicklungsprogramm selbst zu gestalten.
- **Vermeidung von Druck:** Damit das Team ein Projekt akzeptiert und begeistert in Angriff nimmt, ist es unverzichtbar, dass alle Teammitglieder über den möglichen Lauf der Dinge informiert sind und freiwillig ihre Zustimmung geben.
- **Vollständige Lösungen:** Schwierige Teamsituationen bedürfen einer gründlichen Klärung und es sollte unbedingt vermieden werden, ein Programm deshalb vorschnell abzubrechen.

Ziel des Coachs ist es, dem Team **„Hilfe zur Selbsthilfe"** zu geben. Er bietet dem Team in Problemfällen seine Hilfe an, ohne dem Team dabei die Verantwortung abzunehmen. Es gilt das Team dazu zu befähigen, „das Heft selbst in die Hand zu nehmen".

Da es in Unternehmen selten qualifizierte Coachs gibt, müssen erfahrene Führungskräfte hierfür eigens qualifiziert werden. In **Trainingsprogrammen** mit dem Ziel der Sensibilisierung für **Krisensituationen im Team** und dem Aufbau der Fähigkeit zur Krisenberatung sollten z. B. folgende Lerninhalte berücksichtigt werden:

- Selbstverständnis als interner „Coach"
- Die vier Problemkreise des Teammanagements
- Mögliche Konflikte und Frühwarnsignale
  - bei der Teamgründung bzw. -zusammenstellung,
  - während der Teamarbeit,

  - im zwischenmenschlichen Bereich,
  - im Zusammenhang mit der Hierarchie,
  - bei notwendigen Veränderungen,
  - bei Fragen der Beteiligung und
  - beim Teamleiter selbst.
- Grundlagen der Gruppenprozessanalyse
- Das Kriseninterventionsgespräch
- Handwerkszeug zur Teamentwicklung
- Umsetzungsstrategie für Teamorganisation

Je mehr Veränderungen in einer Organisation erforderlich sind, desto größere Bedeutung gewinnt das Coaching durch erfahrene Führungskräfte. In der Praxis bleibt die Anzahl der geeigneten Coachs jedoch in den meisten Fällen eher gering, da das Anforderungsprofil außerordentlich hohe Ansprüche an fachliche, soziale, methodische und persönliche Kompetenz stellt (vgl. *Schmidt 2010, Senninger, Weiß 2011, Gordon 2015*).

5. Kapitel

Möglichkeiten und Grenzen der Teamarbeit

Ist Teamarbeit das Allheilmittel für Unternehmenskrisen? Kann Teamarbeit die brennenden Probleme der heutigen Arbeitswelt dauerhaft und angemessen lösen?

Ohne Zweifel, mehr als 15 Jahre praktische Erfahrung bei der Einführung und Umsetzung der Teamarbeit haben gezeigt, dass Teamarbeit eine sehr wirksame und viel versprechende „Medizin" für die Unternehmen unserer Tage ist, wenn auch kein „Allheilmittel". Es gibt Grenzen. Diese liegen weniger im Konzept bzw. der Methode selbst, als in den **Beteiligten** – Mitarbeitern, Teamleitern, Vorgesetzten – sowie in den **Rahmenbedingungen** bzw. **Aufgabenstellungen**.

Im Folgenden sollen kurz die wesentlichen Einschränkungen des Teamkonzepts betrachtet werden. In der Praxis lassen sich bei der Einführung und der Umsetzung von Teamarbeit vor allem folgende **„Problemzonen"** identifizieren (Abb. 30):

5.1. Teamleiter

Viele Teamleiter verstehen zwar die neue Führungsrolle und die dazu notwendigen veränderten Verhaltensweisen, sie haben jedoch häufig **keine Vorbilder**, an denen sie sich orientieren könnten. Ihr Umfeld ist zumeist bestimmt durch Führungskräfte „alter Prägung", die eher nach dem funktionalen Zuständigkeitsprinzip als nach den

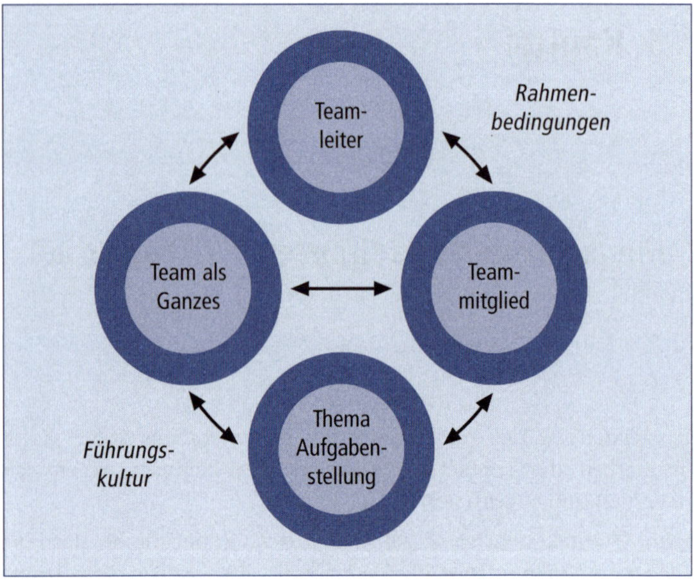

Abb. 30: Mögliche „Problemzonen" bei der Teamarbeit

Grundsätzen teamorientierter Führung vorgehen. Darüber hinaus entstehen viele Probleme im Missverständnis der Fachmannrolle.

Da mit der Führungsrolle bis vor kurzem das Bild des „Fachmanns als Experte" unzertrennlich verbunden war, ist es ein mühsamer Prozess, dem Teamleiter als **„Fachmann für Führung"** zu Ansehen und zu seinem Recht zu verhelfen. Wie gezeigt, brauchen und sollen Teamleiter im Unterschied zu klassischen Führungskräften nicht überall selbst die Besten sein. Viel wichtiger ist, dass sie Fingerspitzengefühl dafür beweisen, die Mitarbeiter für die zu ihren Talenten und Fertigkeiten passenden Aufgaben einzusetzen. Einen Teamleiter machen nicht in erster Linie hervorragende Fachkenntnisse erfolgreich, sondern die Kunst, alle ihm zur Verfügung stehenden Ressourcen (Menschen, Zeit, Budget etc.) optimal einzuplanen, zu steuern und so das Teamziel zu erreichen.

5.2. Teammitglieder/Mitarbeiter

Bei der Einführung von Teamarbeit stellt sich grundsätzlich für alle Beteiligten die Frage: Wie kann ich mich vom „Befehlsempfänger" zum **„selbstverantwortlichen Teammitglied"** entwickeln?

Einige Mitarbeiter werden diesen **Paradigmenwechsel** nicht vollziehen können. Mangelnde Flexibilität, falsche „Autoritätsprogrammierung", ausgeprägte „Rückwärtsdenke" sind einige der größten Barrieren bei der Mitarbeitergewinnung. Wenn das Teamprinzip „einer für alle und alle für einen" gelten soll, so spüren die Mitarbeiter sehr schnell, dass ihr eigenes bisheriges Verhalten ebenso grundsätzlich überarbeitet werden muss wie das der Führungskräfte. Allerdings entdecken viele dabei auch die bequemen Seiten des bisherigen Modells. Einerseits stellt Teamarbeit an jeden Beteiligten hohe Ansprüche bzgl. Selbstverantwortung, Engagement, Mitdenken für die anderen und Zuverlässigkeit. Andererseits lässt sie weniger „Schonraum" für persönliche „Marotten" und Egoismus. Mitarbeitern, die diesen Ansprüchen nicht gerecht werden können oder wollen, wird schnell mangelnde Teamfähigkeit bescheinigt. Sie werden schon nach kurzer Zeit allgemein ausgegrenzt oder kritisiert. Da sich solche Mitarbeiter häufig in kein Team integrieren lassen, ist es ohne soziales Netz im Unternehmen um sie schlecht bestellt. Der notwendige Wandel bei ihnen dauert zu lange oder ist zu mühsam, als dass Vorgesetzte und Kollegen dafür Zeit und Verständnis aufbringen werden. Entsprechend hilft oft nur eine „Nische" oder ein „Outplacement".

5.3. Das Team als Ganzes

Die Grenzen der Teamarbeit tauchen oft in einem eher unerwarteten Zusammenhang auf. Nach anfänglichen Berührungsängsten entdeckt sich das Team als **„Schicksalsgemeinschaft"** und verschwört sich nicht selten gegen den Teamleiter, den Vorgesetzten oder den ganzen Bereich. Als „Kampftruppe unter einer Flagge vereint" entsteht eine überzogene Solidarisierung im Team, so dass diese „Blockbildung" jede Führung bzw. Steuerung des Teams von außen behindert, wenn nicht sogar unmöglich macht. Die Folgen können fatal sein, z. B. wenn solche Teams oft zwar in guter Absicht, aber rücksichtslos eine „Schneise der Verwüstung" quer durch das Unternehmen schlagen, um ihre übernommenen Aufgaben auf „Biegen und Brechen" verwirklichen zu können.

In dieser Weise missverstandene Teamarbeit folgt althergebrachten autoritären Machtlinien und korrumpiert diese für ein vermeintliches „Teamarbeitskonzept". Das „Wohl des Ganzen" gerät dabei völlig aus dem Blickfeld.

5.4. Aufgabenstellung

Viele Aufgabenstellungen sind für Teamarbeit nicht geeignet oder auch nicht vorgesehen. Trotzdem kommen Vorgesetzte und Mitarbeiter häufig auf die Idee, „da wir jetzt Teamarbeit machen, müssen **alle Aufgaben** auch im Team erledigt werden". Diese **„Teameritis"** ist höchst gefährlich und **unproduktiv**, da sie extrem Manpower bindet und Blindleistung erzeugt.

Die Ursache dafür liegt meist in der Schwierigkeit der Teammitglieder, die Prinzipien effizienter Teamarbeit richtig auf ihre Aufgaben zu übertragen. Eine einfache Frage kann hier wieder den Blick für das Wesentliche schärfen: „Kann die vorliegende Aufgabe von einer oder von zwei Personen besser, schneller und effizienter bearbeitet werden als von einem größeren Team?"

5.5. Rahmenbedingungen und Führungskultur

Der häufigste Grund, warum Teamarbeit scheitert bzw. nicht optimal funktioniert, liegt in den **Rahmenbedingungen** und der **Führungskultur** der jeweiligen Unternehmen. Wenn man Teamarbeit mit „Walzertakt" und Linienarbeit mit „Marschmusik" vergleicht, lässt sich die angesprochene Problematik bestens veranschaulichen.

Wer schon einmal versucht hat, auf Marschmusik im Walzertakt zu tanzen, der ahnt, wie es vielen Teams ergeht. Übersetzt bedeutet das: Früher praktiziertes autoritäres Führungsverhalten, hierarchisch geprägte Spielregeln der Zusammenarbeit, starre Abläufe und veraltete Belohnungssysteme hinken im Allgemeinen deutlich hinter den organisatorisch-strukturellen Erfordernissen der Teamarbeit her. Die Marschmusik aus früheren Unternehmenstagen, sprich äußere Zwänge und Probleme der Linienorganisation, macht vielen Teams das Tanzen im Walzertakt des neu verordneten Teamkonzepts unmöglich. Vor diesem Hintergrund hat ein Team nur dann reelle Chancen zu überleben und sein Ziel auch tatsächlich zu erreichen, wenn seine „Frustrationstoleranz" stark ausgeprägt ist und die Begeisterung für das gemeinsame Ziel wachgehalten wird.

6. Kapitel

Der Gruppendynamische Prozess als Coaching-Herausforderung

Rufen Sie sich kurz noch einmal Abb. 4 in Erinnerung: „Wie kommt ein Team vom Gegeneinander zum Miteinander?“

Unglücklicherweise handelt es sich dabei nicht um einen natürlichen Entwicklungsprozess, sondern um eine führungstechnische Meisterleistung der Führungskraft bzw. des Teamleiters. Es geht um eine **kontinuierliche Bewusstseinsentwicklung** der Teammitglieder. Diese kann nur über konsequente Entwicklungs- und Führungsarbeit an den einzelnen Teammitgliedern und dem Team als Ganzes erreicht werden.

Die Führungsleistung im Rahmen des Teamentwicklungsprozesses aus gruppendynamischer Sicht (wie in Abschnitt 2.4 beschrieben) muss sich ergänzen durch die Leistung der Führungskraft als Coach und Veränderungsmanager.

Denn: im Laufe der Teamarbeit gilt es für alle sich von alten Gewohnheiten zu trennen. Alle Teammitglieder müssen mehr oder weniger – Neuland im Verhalten und/oder inhaltlicher Arbeit betreten wollen und müssen bereit sein, in der Zusammenarbeit zu experimentieren.

Die Beteiligten müssen offen sein für die neue Aufgabenverteilung, mit einer veränderten Meeting-Kultur zurechtkommen und zum Teil lieb gewonnene individuelle Gewohnheiten aufgeben.

Das bedeutet in der Praxis: Anstrengung allein reicht hier nicht aus, aber ohne Anstrengung „läuft nichts!“

Die Notwendigkeit zur Veränderung ergibt sich für den einzelnen und das Team nahezu vom Moment der Teamgründung an. In den „Kinderschuhen“ bereits machen Konflikte und Diskrepanzen zwischen IST- und SOLL-Situation bezüglich der Zielvorgaben klar, dass sich „noch mehr bewegen muss“.

An dieser Stelle kommt nun der Teamleiter als Coach und Veränderungsmanager ins Spiel. Sobald er bemerkt, dass sich

- Ineffizienzen und Redundanzen in der Zusammenarbeit einschleichen,
- Ziele unklar sind oder nicht konsequent verfolgt werden,
- Rollen nicht sychronisiert laufen und/oder
- das gemeinsame Verständnis und die gemeinsamen Werte verloren gehen, muss der Teamleiter die Frage stellen „Was fehlt uns zum Erfolg?“ oder „Was behindert uns auf dem Weg zum Erfolg?“

6.1 Der Teamentwicklungsprozess als Coaching-Herausforderung für den Teamleiter

Aus mangelhaften Teamleistungen oder gesteigerten Anforderungen sollte der Teamleiter eine gewisse „konstruktive Unzufriedenheit“ anregen, um ausreichend Motivation und Handlungsdruck für notwendige Veränderungen zu erzeugen.

Das Team muss sich selbst mit den höheren Leistungsstandards bzw. -anforderungen konfrontieren. Dabei können „Benchmarking“ und „Best Practice“ Beispiele helfen. Wenn das Ganze mehr sein soll als die Summe der Einzelleistungen, muss im Team eine gemeinsame Akzeptanz der erhöhten Anforderungen entstehen.

Aus dem Vergleich mit anderen (z. B. auch Wettbewerbern) und der Bearbeitung der konkreten Frage „Wie würden wir zusammenarbeiten müssen, um diese Leistung bzw. dieses Ergebnis auch erbringen zu können?" lassen sich gemeinsame Werte, Arbeitsweisen und Grundüberzeugungen ableiten, die diese Spitzenleistungen erst ermöglichen.

Diese sind konsequent herauszuarbeiten und als zukünftig verbindlich zu verabschieden. Letztlich müssen daraus – wie im Mannschaftssport – gemeinsame „Spielregeln" abgeleitet werden, die das Team verbinden, denen die Teammitglieder sich verpflichtet fühlen und die im Bedarfsfalle mit positiven oder negativen Sanktionen verbunden sind.

Ist das „neue Teamverhalten" verstanden und der gemeinsame Wunsch nach Umsetzung implementiert, beginnt die schwierige und emotional anspruchsvolle Phase des Einübens und Trainierens.

Dabei gilt das Sport-Prinzip „ohne Fleiß kein Preis" bzw. „nur Übung macht den Meister". Rückschläge und Fehlschläge sind unvermeidlich, aber auch erste Erfolgs- und Überraschungsergebnissse zum Feiern.

Die größte Gefahr liegt dabei im „zu frühen Aufgeben": Nach dem Motto, „das ist alles nur Theorie" bzw. „mit den Leuten ist Teamarbeit nicht möglich" oder „die sind alle nicht teamfähige Individualisten", fällt so manches Teammitglied in alte Gewohnheiten zurück und versucht die anderen mitzureißen.

Dem Teamleiter bzw. der Führungskraft kommt dabei die entscheidende Rolle des „Motivators" und „Cheer Leaders" zu. Den Fokus auf die Erfolge zu richten und diese gebührlich zu feiern hilft dabei mehr, als selbst in negative und destruktive Kritik zu verfallen.

Insbesonde bei zu hohen Anfangserwartungen und neu zusammengesetzten Teams schlägt diese Falle zu. Nur Erfolge schaffen Akzeptanz und den „Durchhaltewillen" zur nächst höheren Leistungsstufe.

Wichtig ist: ohne Vorbeitungsphase wird es keine Akzeptanz- und Übungsphase geben.

6.2 Teamcoaching als permanenter Prozess

Teamcoaching durch den Teamleiter ist die wesentliche Ergänzung vor Ort zum Teamtraining durch den internen bzw. externen Trainer.

Teamtrainings finden meist off-the-job statt und geben dem Team bewusst in „entspannter“ Atmosphäre die Gelegenheit, wichtiges Know-how und Handwerkzeuge für erfolgreiche Teamarbeit kennenzulernen.

Teamcoaching findet im Arbeitsprozess selbst statt, also „on-the-job“, und ist im Tagesgeschäft eingebettet. Es ist sozusagen Teil der täglichen Zusammenarbeit. Die Hauptaufgabe des Teamleiters als Teamcoach besteht darin, die Sichtweise der Teamteilnehmer laufend zu erweitern und für notwendige Veränderungen die Augen zu öffnen.

Hat das Team die höhere Leistungsanforderung akzeptiert und durch neue Verhaltensweisen erkannt, dass „bessere Leistungen bei gleichem Einsatz“ möglich sind, ergibt sich oft ein sehr positiver „Neugierde-Effekt“.

Die Teammitglieder suchen dann individuell und kollektiv nach noch besseren Wegen, „exzellent zu werden“: Es hat sich ein „Teambewusstsein mindestens auf der Stufe 3 (miteinander) evtl. sogar schon auf Stufe 4 (füreinander) entwickelt und ist auf dem Weg zum „Selbstläufer“ zu werden. Wichtig für den Teamleiter ist es in dieser Phase als „Teamcoach“ darauf zu achten, dass besonders erfolgreiche Verhaltensweisen oder Aktivitäten durch Spielregeln oder Arbeitsabläufe abgesichert werden, die ansonsten Gefahr laufen, wieder schnell zu verpuffen. Teamarbeit muss institutionalisiert ins Tagesgeschäft übergehen, um sich schließlich dann bei jedem einzelnen mehr und mehr zu verinnerlichen, zum Lebensstil der einzelnen Mitarbeiter und damit auch zum Teil der Unternehmenskultur zu werden.

Unternehmenskultur bedeutet dabei, dass sich teamorientierte Zusammenarbeit als unbewusster Erfolgstreiber der gesamten Firma etabliert hat. „Zusammenarbeit im Dienste der zu erledigenden Aufgaben“ ist zur Selbstverständlichkeit geworden.

Wer da nicht mitmacht, wird sofort und konsequent von den Gruppenmitgliedern korrigiert. Das Team „managed“ sich damit selbst.

Der Nebeneffekt dabei ist, dass neue Teammitglieder von Beginn an auf Teamverhalten eingeschworen und nicht teamfähige oder -willige meist gar nicht erst in die Teams aufgenommen werden.

Wann ist nun Teamcoaching sinnvoll und notwendig?

Prinzipiell kann man sagen:

- immer zu Beginn eines Teams, also bei der Neuzusammenstellung als „Anschubhilfe“,
- bei jeder Form von Integrationsnotwendigkeiten, sei es durch einen neuen Teamleiter oder neue Teammitglieder,
- bei einem Wechsel in der Aufgabenstellung (z. B. schneller, höher, weiter im Sinne einer leistungsverdichteten Anforderung),
- bei der Zusammenlegung von Teams bzw. crossfunktionalen Projekten,
- bei Konflikten und Motivationsproblemen,
- bei einer neuen strategischen Ausrichtung,
- als Vorbereitung auf zukünftige Aufgaben,
- bei Internationalisierungs- und Virtualisierungsaktivitäten,
- als „Beschleuniger“ von „Task Forces“ oder Feuerwehrteams mit geringer Vorbereitungszeit.

Eine häufig gestellte Frage ist dabei: Wie lange dauert das Teamcoaching und woran erkennt der Teamleiter, dass der Prozess zu Ende ist?

Die schlechte Nachricht lautet: Teamcoaching ist ein permanenter nicht endender Prozess, da sich Organisation, Menschen und Aufgaben ebenfalls permanent ändern.

Allerdings ist der „Grad und die Notwendigkeit der Veränderung“ durchaus sehr unterschiedlich und von der jeweiligen Situation abhängig. Grundsätzlich gilt die Faustregel: „Je stabiler der eingeschworene Zustand des Teams, desto geringer kann die Intensität des Teamcoaching sein".

Verglichen mit der Beschleunigung eines Fahrzeuges, bei dem die Hauptenergie in der Anfangsphase erforderlich ist, ist im Team der Anfangsprozess im Teamcoaching meist am intensivsten.

Rollt das Fahrzeug, verbraucht es selbst bei hoher Geschwindigkeit im „Normalbetrieb" relativ wenig Energie, so auch beim Teamcoaching. Nachfolgende „Team-Pflegemaßnahmen" sind erfahrungsgemäß weniger aufwändig als „Anfangsinvestitionen", außer es gibt „Unvorhergesehenes", wie z. B. drastische Veränderungen bei Personal- oder Sachthemen.

6.3 Der Teamleiter als Teamcoach

Zentral für die Rolle des Teamleiters als Teamcoach sind

- Vertrauensbildung,
- Methodenwissen und
- Kenntnisse über die Gruppendynamik.

Vertrauensbildung

Wie die vorangegangenen Ausführungen zeigen, ist Teamcoaching ohne ein hohes Maß an Vertrauen nicht erfolgreich durchzuführen. Da es ja meist „ans Eingemachte" geht, alte Verhaltens- und Rollenmuster überdacht, infrage gestellt und verändert werden müssen, spielt die Überwachung von Ängsten, Unsicherheiten und Abwehrmechanismen eine entscheidende Rolle für den Gesamterfolg.

Hinzu kommt die Individualität der Teammitglieder, ihre Historie, ihre „Altlasten" und ihr unterschiedliches Naturell mit Veränderungen umzugehen, auf die der Teamcoach situativ und angemessen eingehen muss.

Robustes Vertrauen unter den Teammitgliedern zu erzeugen ist kein leichter, aber ein sehr fruchtbarer Weg, wenn er bis zur nächsten

Leistungsstufe gemeinsam gegangen wird. Vertrauensbildende Maßnahmen im Sinne von „Teamhygiene“ sind unerlässlich, um ein Team zu Spitzenleistungen zu führen.

Die Interdependenzen von Zielen, Aufgaben, Prozessen und Teammitgliedern machen Teamcoaching anspruchsvoll. Dieses Zusammenspiel erfordert viel Empathie, d. h. Respekt, Sensibilität und Fairness vom Teamcoach. Idealerweise verhält er sich dabei auch als Rollenmodell zur Nachahmung für die Teammitglieder.

Wenn der Teamcoach vorlebt, was er von den Teammitgliedern verlangt, beschleunigt das die Lernprozesse und erhöht die Glaubwürdigkeit des Teamleiters und seines Anliegens. Wer selbst „Wasser predigt und Wein trinkt“ braucht sich nicht zu wundern, wenn der Teamprozess nur schleppend vorankommt oder gar nicht erst beginnt. „Walk your Talk“ oder „Tue, was du sagst“ schafft immer noch die größte Glaubwürdigkeit und Vorbildwirkung.

Methodenwissen

Es gibt viele nützliche Instrumente und Methoden, wie ein Team von einen zum nächsthöheren „Reifegrad“ entwickelt werden kann.

Je nach Situation und Anforderung können z. B. strukturierte Problemlösungsmethoden zum Einsatz kommen wie Kepner-Tregoe oder das Fischgrat-Diagramm.

Bei Beziehungs- bzw. Rollenthemen im Team kann eine Kraftfeldanalyse oder ein Gruppensoziogramm oft Wunder bewirken. Auch die Methode der „Gruppenaufstellung“ wird immer beliebter, wobei diese eher einen therapeutischen Hintergrund des Teamleiters erfordert.

Grundsätzlich kann man sagen, dass sehr viele Instrumente des Einzelcoachings auch für Teamcoaching geeignet sind: z. B. Rollenspiele und Rollentausch, Erwartungsklärung, Fragetechniken, Perspektivenwechsel durch den heißen Stuhl, Stimmungsabfragen und Problemlösungsmethoden, wie Zukunftswerkstatt, Skulpturarabeit etc.

Kenntnisse über Gruppendynamik

Um sein Team erfolgreich als Coach fördern zu können, braucht der Teamleiter Grundkenntnisse im Bereich Gruppendynamik.

Denn: Menschen reagieren in Teams als Gruppenmitglieder und nicht als einzelne Individuen. Daher darf man das Verhalten des Einzelnen auch nicht als „persönliches Verhalten“ fehlinterpretieren.

Man unterscheidet gruppendynamisch starke und gruppendynamisch schwache Rollen. Eine gruppendynamisch starke Rolle hat das „Alpha-Huhn“. Das ist das Teammitglied mit dem höchsten Status und es darf das Team nach außen hin „vertreten“. Weitere gruppendynamisch starke Rollen sind z. B. der Beliebteste (auch „Kummerkasten“ für das Team), der Tüchtigste und der Meinungsmacher (Opinion-Leader).

Gruppendynamisch schwache Rollen sind zum Beispiel der Rangniedrigste (auch als „Omega Huhn“ bezeichnet), und das Nesthäkchen (das alle ein wenig „bemuttern“ können).

Für den Teamleiter sind zwei weitere Rollen von großer Wichtigkeit:

Zum einen die Rolle der Gefolgsperson und zum anderen die des Ja-Sagers. Die Gefolgsperson wartet, welche Macht-Strukturen sich in der Gruppe entwickeln und stimmt dann dem zu, dessen „Fahne er tragen will“. Ändern sich die Machtverhältnisse in der Gruppe, dann wird auch die Gefolgsperson „die Farben wechseln“.

Wenn der Teamleiter weiß, wer die Gefolgsleute in seinem Team sind, dann kann er sich dieses Wissen zunutze machen. Es ist sinnvoll, dass der Teamleiter seine Anstrengungen besonders auf die gruppendynamisch starken „Spieler“ (also die Meinungsmacher) ausrichtet, weil er weiß, dass diese ihre jeweiligen Gefolgsleute „mitziehen“ werden.

Wichtig ist auch, dass der Teamleiter jeweils das Phänomen des „Gruppendrucks“ berücksichtigt. Man geht heute davon aus, dass der Gruppendruck zu den fundamentalsten Mechanismen gehört, mit welchen der „Organismus Gruppe“ sein eigenes Überleben sichern will.

Eines der berühmtesten Experimente zum Gruppendruck wurde bereits in den Vierziger Jahren von Solomon A. Asch in den USA durchgeführt. Asch bat mehrere Leute, Linien zu vergleichen und festzustellen, ob die jeweils zwei gezeigten Linien gleich lang waren, bzw. welche Linie ungefähr wie viel länger wäre. Dabei waren alle „Versuchspersonen" in Wirklichkeit Komplizen von Asch, mit Ausnahme einer einzigen Person, also der echten Versuchsperson. Nun gaben die „Eingeweihten" regelmäßig dieselben falschen Antworten, wobei diese Lösungen z. B. absurd waren. So wurde z. B. eine zweite Linie, die mehrere Zentimeter länger war als die andere Linie, als gleichlang bezeichnet! Trotzdem schloss sich die überwiegende Mehrheit der echten Versuchspersonen dem falschen Urteil der „Eingeweihten" an.

Diese und andere Aufsehen erregende Versuchsreihen haben immer wieder gezeigt, dass zwei Drittel aller Menschen sich dem Gruppendruck beugen. Interessanterweise beugt ca. ein Drittel sich dem Gruppendruck bewusst, d. h. die Leute sagen später, dass sie zwar dachten, ihre Entscheidung sei inhaltlich falsch, dass sie jedoch durch die (abweichende) Gruppenmeinung verunsichert worden seien; während ein Drittel sich des „Beuge-Prozesses" überhaupt nicht bewusst ist und auch im Nachhinein, als Individuum, diese durch Gruppendruck beeinflusste (sachlich falsche) Meinung weiterhin verbissen verfechten wird.

Der Begriff Gruppendynamik impliziert erstens, dass es um das Verhalten von Gruppenmitgliedern geht und zweitens, dass es sich dabei um dynamische Prozesse handelt. Eine Gruppe ist, wie wir gesehen haben, ein System, das seine eigene Dynamik entwickelt. Jede Gruppe entwickelt eine Art von Gruppenidentität. Ein Ereignis, das einige Individuen bewegt, wird von benachbarten Individuen registriert, die die Botschaft in alle Richtungen aussenden und in kürzester Zeit ist die Gesamtgruppe erfasst. Eine solche Möglichkeit stellen Gefühle dar. So können einige wenige Gruppenmitglieder die Gesamtgruppe sehr schnell in gewisse Gefühlslagen hineinziehen. Diese können positiv oder negativ erlebt werden. Im negativen Fall kann eine Gruppe z. B. von destruktiven Tendenzen erfasst werden. Denken Sie z. B. an Vandalismus. Normalerweise ruhige, unauffällige Individuen lassen sich in der Gruppe zu zerstörerischen Aktionen hinreißen, obwohl keine einzige dieser Personen für sich allein so etwas tun würde.

Es reichen einige wenige Impulse, um eine Gruppe von Menschen zu beeinflussen und es genügen einige wenige Menschen, um eine ganze Gruppe mitzureißen.

Übrigens entwickelt jede Gruppe auch eine Art von Gruppenintelligenz, die weit über die Intelligenz jedes einzelnen Gruppenmitglieds hinausgehen kann.

Diese wichtigen Phänomene der Gruppendynamik (Gruppendruck, Gruppenseele und Gruppenintelligenz) haben große Bedeutung für den Teamleiter als Coach seines Teams. Nur unter Beachtung und Berücksichtigung dieser Phänomene kann er sein Team erfolgreich weiterentwickeln.

Folgende Gesetze der Gruppendynamik (nach *Birkenbihl*) sollte jeder Teamleiter ständig „im Hinterkopf haben“:

Gruppendynamik Gesetz Nummer 1: Erst wenn die Rangordnung der Gruppenmitglieder geklärt wurde, wird konstruktives, kreatives Arbeiten innerhalb dieser Gruppe möglich.

Demzufolge wird es Statuskämpfe nur dann geben, wenn die Gruppe in ihrer jetzigen Zusammensetzung noch oder wieder gruppendynamisch instabil geworden ist. Dies kann z. B. passieren, weil ein neues Teammitglied hinzugekommen oder ein altes ausgeschieden ist.

Gruppendynamik Gesetz Nummer 2: Steht die Rangordnung einer Gruppe fest, dann können die Gruppenmitglieder harmonisch miteinander leben und arbeiten.

Gruppendynamik Gesetz Nummer 3: Je größer die gegenseitige Akzeptanz der Gruppenmitglieder untereinander, desto schneller und unauffälliger wird die Rangordnung etabliert.

Gruppendynamik Gesetz Nummer 4: Agiert der offizielle Leiter straff autoritär, so kann er den gruppendynamischen Prozess zeitweilig unterbinden.

Der Teamleiter kann ab und zu einen Punkt „autoritär“ durchsetzen, wenn die Zeit drängt. Nur darf dieses Verhalten nicht zur Regel werden, wenn er wirklich „mündige Teammitglieder“ haben will, die sich einbringen. Also M.B.O. (Management by Objectives) im besten Sinne: nicht „Motivation durch Zielvorgabe“ sondern „Motivation durch Ziel-Vereinbarung“.

Gruppendynamik Gesetz Nummer 5: Wenn eine Gruppe derzeit gruppendynamische Störungen bereinigen will, weil sie sich neu (oder wieder) formieren muss, dann werden die Mitglieder ihre Status-Kämpfe um den Platz in der „Hackreihe" mit Verfahrensfragen ausfechten. Das bedeutet, dass die Gruppe ein Ihnen wichtiges Thema dazu „missbrauchen" könnte. Seien Sie als Teamleiter hier wachsam!

Gruppendynamische Prozesse machen Teamfindung und Teamentwicklung nicht selten zeitintensiv, kraftzehrend und nervenaufreibend. Doch am Ende steht das „winning“ Team, das mit dauerhafter Spitzenleistung überzeugt und allen Beteiligten nützt.

Ist dieser Punkt erreicht, gilt als Nächstes: „Never change a winning team“ – das ist dann ökonomischer als ein permanenter Wechsel der Teammitglieder.

6.4 Gegenstand des Teamcoaching

Was das thematische Augenmerk des Teamleiters beim Teamcoaching anbelangt, so bewegt er sich im Wesentlichen in drei Bereichen:

(1) Sache

(2) Team

(3) Individuum

Folgende **Sachthemen** sollte der Teamleiter immer wieder auf Veränderungsnotwendigkeiten überprüfen:

- Aufgabenverteilung
- Effizienzthemen
- Zeitpunkt
- Koordinationsthemen
- Ordnungsthemen (z. B. Zuverlässigkeit, Verantwortungsverteilung)

Bei den **Teamthemen** bestehen dauerhaft Optimierungsmöglichkeiten z. B. bzgl.:

- Besprechungskultur
- Umgang miteinander
- Infoverhalten
- Kritikfähigkeit
- Feedbackverhalten
- Zuverlässigkeitsthemen
- Zusammenhänge und Strukturen
- Rollen

Auch die **Individualität** der Teammitglieder wird immer wieder für „Nachbesserungen“ im Teamalltag sorgen, wie z. B.:

- disfunktionale „Marotten“ und Gewohnheiten
- Integrationsprobleme
- Persönliche Vorlieben und Erwartungen
- Persönliche Freiräume

Grundsätzlich gilt, dass individuelle Probleme einzelner Teammitglieder nur unter vier Augen bearbeitet werden, d. h. wenn im Team individuelle Probleme aufkommen, bzw. angesprochen werden, sollten diese schon aus „Gesichtswahrungsgründe“ zwar aufgenommen, aber nicht im Team be- bzw. verarbeitet werden.

Anders sieht es mit sog. „Team- und Prozessthemen“ aus, die durch die Zusammenarbeit zwischen den Beteiligten entstehen.

Diese sind meist „koordinierender Natur“ und müssten sogar gemeinsam einer neuen Regelung zugeführt werden und evtl. in eine der gemeinsamen „Spielregeln“ münden, deren Einhaltung auch von anderen vorher benannten „Schiedsrichtern“ eingefordert werden kann. Dieser Schiedsrichter wird zu Beginn eines Teamcoaching meist der Teamleiter bzw. die Führungskraft sein, sollte aber im weiteren Verlauf durchaus als Rolle an andere Teammitglieder als „Co-Coaches“ übertragen werden.

Ebenfalls Gegenstand des Teamcoaching können sog. Einzelfallberatungen sein, bei denen Teammitglieder freiwillig persönlich Sach- bzw. Verhaltensprobleme zur Diskussion stellen wollen, um ihre Kollegen als Berater oder „Soundingboard“ nützen zu können.

Schließlich sollte ein Teamleiter immer auch die Grenzen seiner eigenen Fähigkeit als Teamcoach im Auge behalten.

Natürlich lassen sich über den „gesunden Menschenverstand“ und evtl. eine zusätzliche Ausbildung viele dieser Themen nach dem Prinzip der „Hilfe zur Selbsthilfe“ lösen. Nichtsdestotrotz erhöht diese „Arbeit am offenen Herzen des Teams“ die Wahrscheinlichkeit, dass auch der versierteste Teamcoach an seine Grenzen kommt.

Zwei Mittel stehen ihnen dabei als Ausweg zur Verfügung:

(1) Sie arbeiten selbst eng mit einem erfahrenen (internen oder externen) Einzelcoach mit Teamcoach Background als Supervisor zusammen, oder

(2) Sie engagieren einen internen/externen Profi für die eine oder andere Teamcoach-Hürde.

Also nur keine falsche Scham oder übertriebene Selbstsicherheit. Professionelle präventive Interventionsarbeit ist oft wesentlicher Steigbügel für die anschließende Selbstentwicklung eines Teams.

7. Kapitel

Hilfestellung auf dem Weg zur Teamorganisation

Der erste Schritt ist gemacht. Sie haben sich gründlich mit Teams, Teamarbeit und Teamproblemen beschäftigt. Nun fehlen zur Realisierung noch drei wesentliche Dinge: **Wollen, Können und Tun**.

Wie wir gesehen haben, scheitern die meisten Firmen oder Organisationen bei der Einführung von Teamarbeit nicht an mangelndem Wissen, sondern am mangelnden Wollen, Können und Tun, d. h. am konsequenten Umsetzen.

In der Abb. 31 sehen Sie die „typischen" Barrieren von der ersten Begegnung mit der Idee bis zur Lebensweise „Team".

Stopp nach einem missglückten Versuch

Ausgangspunkt in den meisten Unternehmen ist der bekannte **„Normalzustand"**, d. h. mangelhafte Zusammenarbeit wird als unabänderlich akzeptiert. Kommen die Mitarbeiter dann erstmals mit Teamarbeit in Kontakt, kann die Konfrontation mit den neuen, höheren Leistungs-Standards zu **Verwirrung und Konfusion** führen. Aus einer gewissen Distanz zum Erlebnis des Erstkontaktes heraus erscheint Teamarbeit dann zunächst als utopisch. Vom Verstand her erkennt die Mehrzahl der Mitarbeiter Teamarbeit durchaus als ein sinnvolles Arbeitskonzept. Die Einführung wird aber vorerst abgelehnt, weil man es im Hinblick auf die spezifische Struktur des eigenen Unternehmens für nicht umsetzbar hält („bei uns ist alles anders"). Wird Teamarbeit bei näherer Betrachtung als positiv und

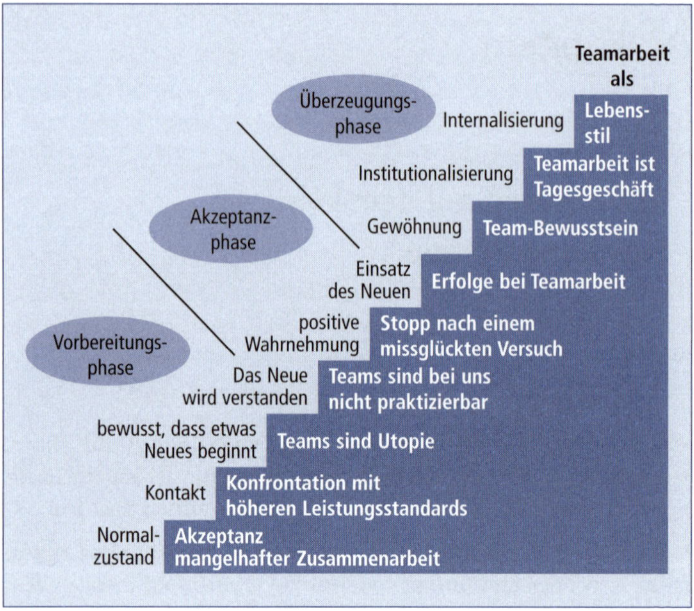

Abb. 31: Reaktionskurve bei der Übernahme von Teamarbeit

prinzipiell machbar wahrgenommen, ist die Vorbereitungsphase abgeschlossen und die Akzeptanzphase beginnt. Obwohl sich langsam eine positive Einstellung aufbaut, besteht noch **Skepsis** bei der Umsetzung. In dieser Phase der ersten Experimente mit dem ungewohnten Arbeitskonzept kann ein missglückter Versuch alles wieder zurückwerfen. Sobald Teamarbeit jedoch sichtbare **Erfolge** bringt, wird das Vertrauen in das Konzept größer, so dass allmählich mit einer unternehmensweiten Umsetzung und Anwendung begonnen wird. Mit der Gewöhnung an die durch die Teams eintretenden Verbesserungen geschieht dann der Übergang in die Überzeugungsphase. Bei den Mitarbeitern hat sich jetzt **Team-Bewusstsein** entwickelt. Es ist dann die Phase erreicht, in der Teams das Unternehmen inzwischen so sehr prägen, dass sie in neuen Strukturen institutionalisiert sind. Teamarbeit ist zum Tagesgeschäft geworden. Der Höhepunkt ist erreicht, wenn Teamarbeit jedem einzelnen Mitarbeiter in Fleisch und Blut übergegangen ist. **Teamarbeit ist jetzt Lebensstil** und wesentlicher Bestandteil der Unternehmenskultur.

Es empfiehlt sich, diesen weiten und steinigen Weg vom hierarchischen Unternehmen zur Teamorganisation nicht allein zu gehen, sondern erfahrene **Prozessberater, Personal- oder Organisationsentwickler** hinzuzuziehen, die Hilfestellung bei der Überzeugung, Einführung und Etablierung der Teams leisten können.

Damit Sie den „richtigen" Berater finden und böse Überraschungen vermeiden, noch einige ausgewählte Tipps:

(1) Suchen Sie jemanden mit praktischer Vorerfahrung.

(2) Nehmen Sie sich bei aller Eile Zeit für ein Pilotteam.

(3) Machen Sie die Teameinführung zur Chefsache.

(4) Wählen Sie einen Top-Down-Ansatz.

Gerne stellen wir Ihnen weitere Informationen und unsere langjährige Erfahrung persönlich zur Verfügung: CSI Dr. Haug Network Germany, Kathreinerstr. 9, 86199 Augsburg, Tel.: 0821–748890, Fax: 0821–7488920, E-Mail: info@csinetwork.biz; www.csinetwork.biz

Literaturverzeichnis

Ackermann, M.: Differenzierung betrieblicher Kleingruppenkonzepte – Hemmende und fördernde Faktoren einer erfolgreichen Realisierung. Frankfurt 1988.

Adair, J.: Effective Teambuilding. London 1986.

Ammelburg, G.: Organismus Unternehmen. Düsseldorf 1993.

Antoni, C.: Teamarbeit gestalten. Weinheim 2000.

Antons, K.: Praxis der Gruppendynamik. Übungen und Techniken. Göttingen 1973.

Arnold, R.: Betriebliche Bildungsarbeit. Frankfurt 1991.

Arnold, R.: Erwachsenenbildung. Baltmannsweiler 1988.

Bagley, D., Reese, E.: Beyond Selling. Die neue Dimension im Verkauf. Freiburg/Breisgau 1990.

Becker, H.: Gebündelte Kraft in Teams und Organisationen. München 2002.

Bens, I.: Team Launch. Strategies for New Team Start-ups. Toronto/Ontario 1998.

Berg, St.: Teammanagement für Führungskräfte, Kassel 2014

Birkenbihl, V.: Kommunikationstraining. Zwischenmenschliche Beziehungen erfolgreich gestalten. München 1975.

Birkenbihl, V.: Psycho-Logisch richtig verhandeln. Professionelle Verhandlungstechniken mit Experimenten und Übungen. München 2007.

Birker, G., Birker, K.: Teamentwicklung und Konfliktmanagement. Effizienzsteigerung durch Kooperation. Berlin 2001.

Bläsing, J. (Hrsg.): Praxishandbuch Qualitätssicherung. München 1988.

Bläsing, J. (Hrsg.): Quality Based Management – Qualitätsbewußte Unternehmensführung. Tagungsbericht 10. Qualitätsleiterforum, Bd. 1 und 2, München 1992.

Blake, R., Mouton, J.: TeamWorks. Austin (USA) 1987.

Blake, R., Mouton, J., Allen, R.: Superteamwork. Bedeutung, Erfassung und Gestaltung. Landsberg/Lech 1987.

Blanchard, K., Carew, D., Parisi-Carew, E.: Der Minuten-Manager schult Hochleistungsteams. Hamburg 1992.

Blanchard, K., Randolph, A.: Go Team! – Teamarbeit auf höchstem Niveau, San Francisco 2010

Böning, U.: Moderieren mit System. Besprechungen effizient steuern. Wiesbaden 1991.

Bonsen, M., Jung, W.: Mehr Elan im Team. In: Gablers Magazin 8, 1991, S. 20–24.

Breisig, T.: It's Team Time. Kleingruppenkonzepte in Unternehmen. Köln 1990.

Bretz, H.: Warum Unternehmen charismatische Manager brauchen? In: Harvard Manager 1.Quartal, 1990, S. 110–121.

Brown, M.: Kampf dem Dinosaurier. Wie Sie sich selbst und Ihr Unternehmen in Schwung bringen. Frankfurt/NewYork/London 1991.

Bungard, W. (Hrsg.): Qualitätszirkel als Gegenstand der Arbeits- und Organisationspsychologie. Stuttgart 1990.

Bunk, G.: Einführung in die Arbeits-, Berufs- und Wirtschaftspädagogik. Heidelberg 1982.

Byham, W., Cox, J.: Zack! Der Blitzschlag von Motivation und Begeisterung. Landsberg/Lech 1991.

Byham, W., Wellins, R., Wilson, J.: Power Teams. Spitzenleistungen mit autonomen Arbeitsgruppen. Landsberg/Lech 1992.

Camp, R.: Benchmarking: The Search for Industry Best Practices that Lead to Superior Performance. Milwaukee 1989.

Carr, C.: Teampower. Lessons from America's top companies on putting teampower to work. Englewood Cliffs (USA) 1992.

Cohn, R.: Von der Psychoanalyse zur Themenzentrierten Interaktion. Stuttgart 1975.

Crosby, P.: Quality is Free. New York 1977.

Crosby, P.: Qualität kostet weniger. Hamburg 1979.

Crosby, P.: Qualität bringt Gewinn. Hamburg 1986.

Crosby, P.: Qualität ist machbar. Hamburg/New York/London 1986.

Crosby, P.: The Eternally Successful Organization: The Art of Corporate Wellness. Hamburg/New York/London 1988.

Cullen, J., Hollingum, J.: Implementing Total Quality. Berlin/Heidelberg/New York 1987.

Czichos, R.: Change-Management. Konzepte, Prozesse, Werkzeuge für Manager, Verkäufer, Berater und Trainer. München/Basel 1990.

Deming, W.: Transformation of Western Style Management. In: Shetty, Y., Buehler, V. (Eds.): Productivity and Quality through People. Westport/London 1985, S. 11–16.

Deming, W.: Out of the Crisis. Cambridge/Mass. 1986.

Deutsch, C.: Die Zeitbombe. In: Wirtschaftswoche 7, 1992, S. 79.

Diemer von, R.: Mitarbeiter-Motivation bei Einführung neuer Q-Techniken. Unveröffentlichter Vortrag, Frankfurt 1992.

Dierke, K.W., Houben, A.: Gemeinsame Spitze, Frankfurt/New York 2013.

Döring, K.: Lehren in der Weiterbildung. Ein Dozentenleitfaden. Weinheim 1990.

Douglass M., Douglass D.: Time Management for Teams. New York 1992.

Dumaine, B.: Who Needs a Boss? In: Fortune, 7. Mai 1990, S. 52 ff.

Eales-White R.: The Power of Persuasion. London 1992.

Eberle, W., Kirchhoff, G.: Mit Konflikten leben. Entstehung, Vermeidung und Verarbeitung von Konflikten in der Arbeitswelt. Köln 1981.

Erb, A., Zumbühl, K.: Teamführung in Projekten. In: Management Zeitschrift 5, 1991, S. 46–48.

Fischer, K., Rayner, S., Belgard, W.: Tips für Teams. Teameinsatz optimal realisieren. Lansdberg/Lech 1995.

Fittkau, B., Müller-Wolf, H.-M., Schulz v. Thun, F.: Kommunizieren lernen (und umlernen). Braunschweig 1977.

Francis, D., Young, D.: Mehr Erfolg im Team. Hamburg 1992.

Gebert, D., von Rosenstiel, L.: Organisationspsychologie. Person und Organisation. Stuttgart 1981.

Geyer, E.: Teamfähigkeit ist erlernbar. In: Gablers Magazin 8, 1991, S. 25–30.

Goosens, F.: Erfolgreiche Konferenzen und Verhandlungen. Landsberg/Lech 1987.

Gordon, T.: Manager-Konferenz. Effektives Führungstraining. Hamburg 1979.

Gordon, J., Smith, M.: You Win in the Locker Room First: The Seven C`s to Buid a Winning Team in Business, Sports, and Life, Hoboken, NY, 2015

Gordon, J.: The Energy Bus, Chichester, UK 2015

Graichen, W., Seiwert, L.: Das ABC der Arbeitsfreude. Techniken, Tips und Tricks für Vielbeschäftigte. Speyer 1987.

Greif, S.: Computer-unterstützte Gruppenarbeit – Viel Lärm um nichts? In: Office Management 6, 1991, S. 20–25.

Gudjons, H.: Spielbuch Interaktionserziehung. Bad Heilbrunn 1983.

Haeske, U.: Training International: Teamentwicklung. Berlin/Düsseldorf/Mannheim 2008.

Haeske, U.: Pocket Business: Team- und Konfliktmanagement. Teams erfolgreich leiten – Konflikte konstruktiv lösen. Berlin/Düsseldorf/ Mannheim 2008.

Haeske, U.: Team- und Konfliktmanagement: Teams erfolgreich führen – Konflikte konstruktiv lösen, Berlin 2013

Hammer, M., Champy, J.: Business Reengineering. Die Radikalkur für das Unternehmen. Frankfurt/New York/London 1994.

Hansel, J., Lomnitz, G.: Projektleiter-Praxis. Berlin/Heidelberg 1987.

Harris, T.: I'm o.k. – You're o.k. London 1973.

Hart, L.: Learning from Conflict. A Handbook for Trainers and Group-leaders. Menlo Park 1981.

Hastings, C., Bixby, P., Chaudhry-Lawton, R.: The Superteam Solution: Successful Teamworking in Organizations. Aldershot (USA) 1986.

Hein, H.: Projektarbeit im Team. Renningen 2008.

Higgins, R. (Hrsg.): The Sales Manager's Guide to Training and Developing your Team. Stanford 1993.

Höller, A.: Auch ein Team muß laufen lernen. In: Gablers Magazin 8, 1991, S. 14–19.

Hoerr, J.: Getting Man and Machine to Live Happily Ever After. In: Business Week, 20. April 1987, S. 61–62.

Kälin, K., Müri, P.: Sich und andere führen. Thun 1987.

Katzenbach J., Smith D.: The Wisdom of Teams – Creating the High-Performance Organization. Boston 1993.

Kinlaw, D.: Spitzenteams. Spitzenleistungen durch effizientes Teamwork. Wiesbaden 1993.

Kirsten, R., Müller-Schwarz, J.: Gruppentraining. Ein Übungsbuch mit 59 Psycho-Spielen, Trainingsaufgaben und Tests. Reinbek 1976.

Kleber K., Schrader, E., Straub, W.: Kurzmoderation. Anwendung der Moderationsmethode in Betrieb, Schule und Hochschule, Kirche und Politik, Sozialbereich und Familie bei Besprechungen und Präsentationen. Weinheim, Basel 1990.

Knicker T., Gremmers, U.: Das Rüstzeug für zielorientiertes Führen. In: Harvard Manager, I. Quartal 1990, S. 62–71.

Knoll, J.: Kurs- und Seminarmethoden. Ein Trainingsbuch zur Gestaltung von Kursen und Seminaren, Arbeits- und Gesprächskreisen. Weinheim/Basel 1991.

Kress, N.-M., von Studnitz, A.: Teamführung: Gemeinsam zum Ziel. Reinbek 2000.

Kriz, W., Nöbauer, B.: Teamkompetenz. Konzepte, Trainingsmethoden, Praxis. Göttingen 2006.

Krüger, D.: Wieviel Teamgeist braucht ein Team? Möglichkeiten der Qualifizierung zur Gruppenarbeit in Fertigungsinseln. Berlin 1991.

Krüger, W.: Teams führen. Saarbrücken 2002.

Kunz, H.: Spitzenleistung im Team. Menschen erfolgreich führen, Aufgaben methodisch lösen. Heidelberg 1994.

Laborde, G.: Influencing with Integrity. Palo Alto 1983.

Lane, B.: Managing People. A Practical Guide. Grants Pass 1990.

Leigh, A., Maynard, M.: ACE Teams. Creating Star Performance in Business. Oxford 1993.

Lencioni, P.: The Five Disfunctions of a Team, San Francisco, 2002.

Lohner, M.: Unternehmen heißt lernen. Düsseldorf 1991.

Lomnitz, G.: Muß der Projektleiter auch Projektleider sein. In: AGOGIK2, 1989, S. 5–36.

Lomnitz, G.: Kommunikation und Information als zentrales Nervensystem der Projektarbeit. In: AGOGIK2, 1989, S. 43–53.

Margerison, C.: Team Management. London 1990.

Matzdorf, P., Cohn, R.: Themenzentrierte Interaktion. In: Corsini, R. (Hrsg.): Handbuch der Psychotherapie, Bd. 2, Weinheim 1983, S. 1272–1314.

Maxwell, John C.: The Seventeen Indisputable Laws of Teamwork, Nashville 2013

Maxwell, John C.: Teamwork 101: what every leader need to know, Nashville, 2008

McCrystal, St., Silverman, D.: Team for Teams: New Rules of Engagement for a Complex World, Washington DC, 2015

Meier, M.: Projektmanagement. Handelsblatt Mittelstandsbibliothek, Band 5. Situationsanalyse, Zielbestimmung, Projektcontrolling, Controllingwerkzeuge, Motivation, Teammanagement. Stuttgart 2007.

Neges, G.: Führungskraft und Team. Neges' Management Trainer. Wien 2007.

Neuberger, O.: Das Mitarbeitergespräch. Leonberg 1980.

Neuberger, O.: Miteinander arbeiten – miteinander reden! Vom Gespräch in unserer Arbeitswelt. München 1990.

Oetting, M.: Führen mit Zielen. Unveröffentlichtes Manuskript, Itzehoe 1994.

Oetting, M.: Führen mit Zielen. Unveröffentlichtes Manuskript, Itzehoe 2008.

Patinkin, M.: Gamble on Assembly Teams Pays Off. In: Pittsburgh Press, 1987, S. B6–B7.

Peschanel, F.: Im Team unschlagbar. In: Manager Seminar 2, 1991, S. 20–29.

Peters, T.: Kreatives Chaos. Hamburg 1988.

Pohl, M., Witt, J.: Innovative Teamarbeit zwischen Konflikt und Kooperation. Heidelberg 2000.

Qwens, J.: There is no "I" in Team. How to Build, Develop and Manage Your Team for Success, Clark, 2015.

Rackelmann, G.: Unfaire Vergleiche. In: Management Wissen 3, 1990, S. 133.

Rechtien, W.: Angewandte Gruppendynamik. Ein Lehrbuch für Studierende und Praktiker. München 1992.

Reiss, M.: Eine Spielanleitung für die Organisation von Projekten. In: Management Zeitschrift 7/8, 1991, S. 27–31.

Rheingold, H.: Smart Mobs. The Next Social Revolution. New York 2003.

Rischar, K.: Schwierige Mitarbeitergespräche erfolgreich führen. Landsberg/Lech 1991.

Robinson, D., Robinson, J. (Hrsg.): Moving from Training to Performance. A Practical Guidebook. Alexandria (USA) 1998.

Roese, P.: Konkurrenz verdirbt das Geschäft. In: Management Wissen 8, 1987, S. 51–58.

Saaman, W.: Effizient führen – Mitarbeiter erfolgreich machen. Wiesbaden 1990.

Sanborn, M.: Team-Arbeit. Das beste Managementkonzept der Welt. München 1994.

Satir, V.: Selbstwert und Kommunikation. Stuttgart 1975.

Schäffel, M.: Ring frei im Betrieb: Gezielte Schläge unter die Gürtellinie. In: Management und Seminar 1, 1993, S. 14–18.

Schildknecht, R.: Total Quality Management – Konzeption und State of the Art. Dissertation, Universität Kaiserslautern 1992.

Schmidt, M.: 25 Tipps für erfolgreiches Teammanagement, Norderstedt 2010

Schwäbisch, L., Siems, M.: Anleitung zum sozialen Lernen für Paare, Gruppen und Erzieher. Reinbek 1974.

Seifert, J., Kraus, R.: Mitarbeitergruppen. KAIZEN erfolgreich entwerfen, einführen, umsetzen. Bremen 1994.

Seiwert, L.: Das 1x1 des Zeitmanagement. Speyer 1984.

Seiwert, L., Gay, F.: Das neue 1x1 der Persönlichkeit, München 2014

Semler, R.: Managing without Managers. In: Harvard Business Review, Sept.-Okt. 1989, S. 76–84.

Senninger, T., Weiß, A.: Gruppe – Team – Spitzenteam: das Handbuch zur Teamführung, Münster 2011

Steinberg, C.: Projektmanagement in der Praxis. Organisation, Formularmuster, Texbausteine. Stuttgart 1990.

Stopp, U.: Praktische Betriebspsychologie. Probleme und Lösungen. Stuttgart 1992.

Strunk, G.: Bildung zwischen Qualifizierung und Aufklärung. Bad Heilbrunn 1988.

Tjosvold, D.: Working Together to Get Things Done: Managing for Organizational Productivity. Lexington (USA) 1986.

Töpfer, A., Mehdorn, H.: Total Quality Management. Berlin 1994.

Townsend, R.: Organisation ist fast alles. München 1987.

Tscheuschner, M., Wagner, H.: TMS – Der Weg zum Hochleistungsteam. Praxisleitfaden zum Team Management System nach Charles Margerison und Dick McCann. Offenbach 2008.

Ulsamer, L.: Wenn alle an einem Strang ziehen… Betriebssoziologie und Betriebspsychologie für die praktische Arbeit. Esslingen am Neckar 1998.

van Dick, R., West, M.: Teamwork, Teamdiagnose, Teamentwicklung. Praxis der Personalpsychologie, Band 8. Göttingen 2005.

Watzlawick, P., Beavin, J., Jackson, D.: Menschliche Kommunikation. Formen. Störungen. Paradoxien. Bern 1975.

Weber, D.: Patentrezept für starke Gruppen. In: Management Wissen 3, 1990, S. 49–58.

West, M.: Effective Teamwork. Leicester 1994.

Will, F.: Was bremst mein Team? München 2002.

Wittlage, H.: Methoden und Technik praktischer Organisationsarbeit. Berlin 1993.

Zink, K.: Die Einführung von Total Quality Management als Organisationsentwicklungsprozeß. In: Stuttgarter Messe- und Kongreßgesellschaft (Hrsg.): Quality '91 (Tagungsband), Stuttgart 1991, S. 109–112.

Zink, K. (Hrsg.): Qualität als Managementaufgabe (Total Quality Management), Landsberg 1992.

Zuschlag, B., Thielke, W.: Konfliktsituationen im Alltag. Stuttgart 1989.

Sachverzeichnis

A

Akzeptanz 36, 38, 45, 51, 74, 156
Arbeitsgruppe 14, 18 f., 32, 43, 49
Arbeitsmethodik 53, 127
Arbeitsstile 33, 60, 64
Arbeitssystemgestaltung 159
Arbeitsteilung 1, 14, 17, 30
Aufgabendefinition 67
Aufgabenverteilung 25, 32, 37, 66, 73 f., 125, 149, 164, 179

B

Balance 138
Beziehungspflege 53

C

Coaching 170

D

Deming Wheel 48

E

Effektivitätsmanagement 161, 164
Effizienz 4, 31, 40, 45, 48, 73, 136, 168
Entscheidungen 7, 22, 30, 33, 38, 61, 64, 71, 150, 171

F

Fachgebietsleiter (Funktionsleiter) 98
Fachwissen 50, 158
Führungskräfte 1, 6, 13, 90, 97, 107, 147, 153, 171

G

Gruppendynamik 186

H

Hierarchen 90, 169
Hierarchie 1, 6, 29, 62, 97, 104, 153, 171

I

Integration 28, 116
Interaktion 39, 45, 55, 60, 70, 86, 141, 159

K

Kaizen 47
Klima 21, 48, 53, 58, 86, 89, 94, 146

Kommunikation 6, 20, 39, 45, 51, 55, 60, 70, 75, 85, 97, 129, 138, 157, 163
Kommunikationsmanagement 129
Konflikt 10, 18, 28, 31, 33, 46, 55, 73, 77, 138, 150, 168
Konfliktarten 83
Konfliktmanagement 138, 158
Konfliktquellen 86
Konkurrenz 42, 58, 93, 95
Kooperation 9, 23, 43, 49, 56, 58, 89, 93, 97, 156
Koordination 17, 21, 31, 100, 124
Krisen 31, 63, 76, 168 f., 171
Kritik 18, 41, 54, 70, 181

L

Lernbereitschaft 50
Lernen 68, 76, 153, 160, 166
Lerninhalte 162, 171
Lernziele 162
Linienorganisation 4, 9, 19, 88, 96, 103

M

Machtspiele 41
Moderation 35, 137
Motivation 23, 27, 29, 43, 47, 142, 165

O

Offenheit 40, 51, 58, 93
Organisation 86, 120

P

Partizipation 44, 51
Performance 21
Prioritäten 31, 127, 164
Problemlösung 7, 13, 74, 135
Projektplanung 31, 102, 123

Q

Qualifikation 32, 37, 154
Qualifizierung 155, 166

R

Repräsentation 112

S

Selbstbehauptung 55
Selbstmanagement 127, 167
Selbstorganisation 17, 53
Selbstwertgefühl 57, 86
Synergie 20, 52

T

Team
  Begriff 14, 21
  Coaching 180, 182
  Dynamik 25, 39, 49, 67
  Führung 7, 9, 12, 19, 29

Leistung 16, 19, 28, 42, 48, 75
Merkmale 9, 15
Rollen 15, 90
Spielfeld 90, 120
Spielregeln 30, 67, 97, 135
Teamarbeit
Auftraggeber 96, 100, 108, 122, 144
Erfolgsfaktoren 25, 109
Rahmenbedingungen 86, 90, 109, 114, 123
Steuerung 31, 107, 120, 161
Vorteile 22, 125, 144
Teamaufgabe 50, 72, 89, 92, 127, 142
Teambesprechung 133
Teamdesign 50
Teamdiagnose 25, 37 f., 51 f.
Teamentscheidung 33
Teamentwicklung 67, 162, 167, 179
Teamerfolg 36, 57, 61, 74, 92, 104, 114, 120, 124, 145
Teamgeist 9, 48, 52, 68, 156
Teamleiter 100, 107
Teammanagement 1, 161
Teammanagementkreis 50, 61
Teammitglied 50, 101, 115, 175
Teamorganisation 1, 10, 86, 142, 153
Toleranz 46, 59, 69, 74
Training 160, 166, 182

U

Unternehmensführung 36, 92, 94
Unterstützung 41, 69, 89, 156
Unzufriedenheit 47

V

Verantwortung 20, 46, 52, 56, 94
Vertrauen 45, 51, 184
Vision 38, 51

Z

Zeitmanagement 53, 127, 165
Ziele 11, 26, 36, 115, 149
Zielorientierung 20, 116